京津冀区域环境保护战略研究

张　伟　许开鹏　蒋洪强　等　编著

U0221897

中国环境出版社·北京

图书在版编目（CIP）数据

京津冀区域环境保护战略研究/张伟等编著. —北京：中国环境出版社，2017.6
ISBN 978-7-5111-3127-0

Ⅰ．①京…　Ⅱ．①张…　Ⅲ．①区域环境—环境保护战略—研究—华北地区　Ⅳ．①X321.22

中国版本图书馆 CIP 数据核字（2017）第 062771 号

出 版 人　王新程
责任编辑　葛　莉　宾银平
责任校对　尹　芳
封面设计　宋　瑞

出版发行　中国环境出版社
　　　　　（100062　北京市东城区广渠门内大街 16 号）
　　　　　网　　址：http://www.cesp.com.cn
　　　　　电子邮箱：bjgl@cesp.com.cn
　　　　　联系电话：010-67112765（编辑管理部）
　　　　　　　　　　010-67113412（教材图书出版中心）
　　　　　发行热线：010-67125803，010-67113405（传真）
印　　刷　北京中科印刷有限公司
经　　销　各地新华书店
版　　次　2017 年 6 月第 1 版
印　　次　2017 年 6 月第 1 次印刷
开　　本　787×1092　1/16
印　　张　9.75
字　　数　192 千字
定　　价　53.00 元

前　言

京津冀已经成为继长三角、珠三角之后，第三个最具活力的区域。京津冀协同发展，不仅要解决北京、天津、河北三地发展问题，还要为我国促进人口、经济、资源、环境相协调，推动区域协调发展体制、机制创新，探索世界级城市群发展道路，带动我国南、北、东、中、西区域协调发展蹚出一条路。

2014 年 2 月 26 日，习近平总书记在北京主持召开座谈会，专题听取京津冀协同发展汇报，强调实现京津冀协同发展是一个重大国家战略，要坚持优势互补、互利共赢、扎实推进，加快走出一条科学、持续的协同发展道路，并提出七项要求，此举体现了国家对京津冀地区发展的空前高度重视，"重大国家战略"的提法首次在区域经济发展规划领域出现，这无疑令京津冀迎来了发展的新纪元。

随着经济社会的发展，京津冀地区的生态环境特征正在发生重大转变，区域性、复合型、压缩型环境问题日益凸显。区域性大气污染问题难以解决，区域性水资源短缺、水污染问题十分突出，城市化和工业化发展侵占大量生态用地，区域生态安全体系亟待维护。为切实解决好京津冀地区生态环境问题，实现环保优先，本研究提出了以环境空间优化区域发展格局，以生态红线调控区域发展规模，以环境质量提升区域发展品质，以监管能力保障区域发展安全，以体制机制创新协调区域矛盾关系的战略思路，并针对生态空间格局、大气联防联控、水安全统筹优化、环境监管与综合决策等方面研究提出京津冀生态环境保护的重要任务、长效机制。本书为"京津冀协同发展生态环境保护规划"提供了理论依据和研究基础。

本书共分为 8 章。第 1 章是京津冀区域生态环境现状、问题与挑战。详细梳理分析了京津冀地区自然条件、社会经济发展现状以及面临的生态环境问题，并深入剖析了造成京津冀地区生态环境恶化的内在原因，这其中既包含自然条件等客观原因，也存在管理体制机制上的不协调的深层次原因。第 2 章是区域环境功能定位与战略目标。本书提出了"以环境空间优化区域发展格局、以生态红线调控区域发展规模、以环境质量提升区域发展品质、以监管能力保障区域发展安全"的战略思路，并制定了分阶段的生态环境保护目标。第 3 章对京津冀地区开展环境功能区划研究。按照环境功能将京津冀地区划分为自然生态保护区、生态功能调节区、农产品环境安全保障区、环境风险防范区和环境优化区五类环境功能区。第 4 章研究建立了京津冀地区生态环境红线体系，分别开展了生态保护红线、水环境红线以及大气环境红线的研究，并提出了针对性管控措施。第 5 章对京津冀地区环境污染治理开展研究，分别对区域水环境、大气环境、农村及土壤污染以及固体废物资源利用等提出具体治理措施以及区域协作重点。第 6 章开展了京津冀区域生态安全格局研究，建设的重点任务包括防风固沙生态体系建设、水源涵养地保护体系建设、生物多样性保护体系建设以及城市绿廊绿道体系建设等。第 7 章开展了京津冀区域生态补偿制度研究，并以引滦于桥水库流域跨省水环境生态补偿为例提出具体政策建议。第 8 章开展京津冀区域环境保护协作机制研究，分别从环境管理综合决策机制、法规政策、共享机制、监督机制以及合作机制等方面提出针对性建议。

全书由环境保护部环境规划院、京津冀区域环境研究中心相关人员共同编著。张伟博士负责总体框架设计与统稿，环境规划院王金南副院长兼总工对本书研究成果提出了宝贵意见和建议。各章节编撰人员分别为：第 1 章由张伟、蒋洪强、周佳等撰写；第 2 章由蒋洪强、张伟撰写；第 3 章和第 4 章由许开鹏、余向勇、薛文博撰写；第 5 章由谢阳村、郑伟、陈潇君、唐倩、饶胜、张伟、蒋洪强等联合撰写；第 6 章由饶胜、牟雪洁撰写；第 7 章由刘桂环撰写；第 8 章由秦昌波、苏洁琼、张伟撰写。本书研究成果得到了环境保护部有关司局的大力支持。中国环境出版社为本书的出版付出了大量心血。环境规划院重点实验室同事卢亚灵、吴文俊、张静、杨勇、刘年磊、程曦、武跃文、刘洁等在工作中给予了帮助。在此，对以上所有人员表示衷心感谢。

由于作者水平有限，书中不足与错误难免，恳请广大读者批评指正。

作　者

2016 年 10 月

目　录

第1章

京津冀区域生态环境现状、问题与挑战

推动京津冀协同发展,是党中央、国务院在新的历史条件下提出的重大国家战略。由于京津冀区域经济发展差距较大,经济结构呈现两极化发展特征,北京的高新技术与高端服务业与河北的低端、落后、高耗能、高排放产业形成鲜明对比和突出矛盾,导致京津冀地区成为全国大气污染、水污染最严重的地区,全国水资源最短缺、地下水漏斗最大的地区,全国资源环境与发展矛盾最为尖锐的地区。这些问题是当前及未来京津冀协同发展面临的最大挑战。

1.1 自然与社会经济概况

1.1.1 区位与自然现状

京津冀地区位于我国环渤海心脏地带,以汽车工业、电子工业、机械工业、钢铁工业为主,是全国主要的高新技术和重工业基地,是我国北方经济规模最大、最具活力的地区。京津冀地区包括北京市、天津市以及河北省的保定、唐山、石家庄、邯郸、沧州、秦皇岛、廊坊、张家口、承德、衡水、邢台 11 个城市,土地面积约为 21.6 万 km²,占全国的 2%左右。京津冀地区区位示意图见图 1-1。

京津冀地区古为幽燕、燕赵,历经元、明、清三朝八百余年本为一家,元属中书省、明为北直隶、清为直隶省。民国初北京为京兆,天津属直隶省。民国定都南京后,北京改为北平,与天津同属河北省。京津冀地缘相接、人缘相亲,地域一体、文化一脉,历史渊源深厚、交往半径相宜,存在协同发展的基础。

从自然地貌来看,京津冀区域处于内蒙古高原、太行山脉向华北平原的过渡地带,整体地形特征是西北高、东南低。地形差异显著,地貌类型复杂多样,高原、山地、丘陵、平原、盆地、湖泊等地貌类型齐全。主要地貌单元可以分为坝上高原、燕山山区、冀西北山间盆地、太行山山区、滦河海河下游冲积平原等。

图 1-1　京津冀地区区位示意图

京津冀区域气候条件属暖温带向寒温带，半湿润向半干旱过渡气候。年平均气温 0～12℃，北部高原区低于 4℃。无霜期 90～120 d，局部山区 87 d。年平均降水量 410 mm。坝西地区低于 400 mm。降水年际年内变化大。降雨年内分配不均，7 月、8 月、9 月三个月降雨量约占全年的 70%；冬春季节干旱。年平均大风日数 15～60 d。

京津冀地区水系以闪电河和坝头为界，分为内流和外流两大区系。西坝为内流区，东坝、坝下及其他地区属外流区。主要内流河有安固里河和大清沟。外流区分永定河、潮白河、滦河、辽河和海河五大水系。主要水库有密云水库、官厅水库、怀柔水库、北大港水库、于桥水库、东七里海水库、团泊洼水库、白洋淀、潘家口水库、岗南水库、黄壁庄水库、西大洋水库等。

天然植被为高原植被和山地植被两种类型。高原植被以草本植物为主，地带性植被为温带草原。坝西地区为干草原，以禾本科草类为主，局部地区有沼泽植被分布，坝东地区以森林草原和草甸草原为主。坝下山地地带性植被为落叶阔叶林。

1.1.2　经济社会发展现状

（1）地区生产总值（GDP）

2015 年地区生产总值达 69 358.89 亿元，占全国的 10.1%。社会消费品零售总额达 28 586 亿元，占全国的 9.5%；进出口总额达 7 529.39 亿美元，占全国的 19.0%，是国家发展中的重要区域之一。京津冀三省市历年 GDP 总量及增速比较见图 1-2。

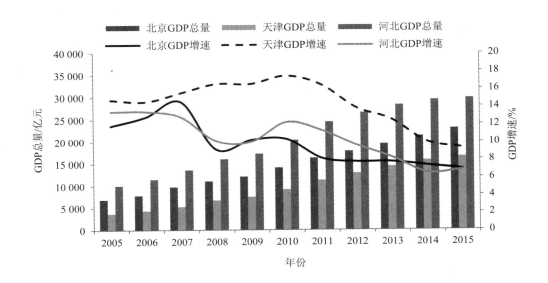

图 1-2　京津冀三省市历年 GDP 总量及增速比较

河北省虽然在三个省市中 GDP 总量最大，但从人均 GDP 来看，其与北京、天津存在显著差距（图 1-3）。北京和天津人均 GDP 均已超过 10 万元，按照世界银行划分标准，已经步入中高等收入地区，而河北省到 2015 年仅为 4 万多元，不足京津区域的 40%。同时由于京津地区巨大的集聚力，造成环首都周边形成贫困带。

（2）产业结构

北京作为首都，是我国政治、文化、教育和国际交流中心，同时是我国经济金融的决策中心和管理中心，其第三产业发达，产业结构基本处于后工业化阶段，而天津和河北仍然以工业为主。图 1-4 为 2015 年京津冀三省市三次产业所占比重。

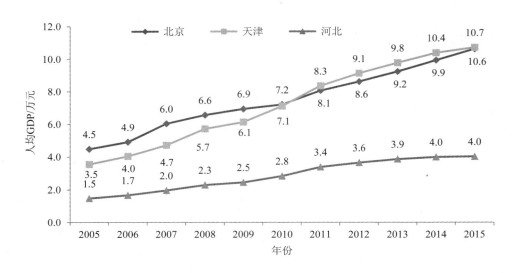

图 1-3 京津冀三省市人均 GDP 变化趋势

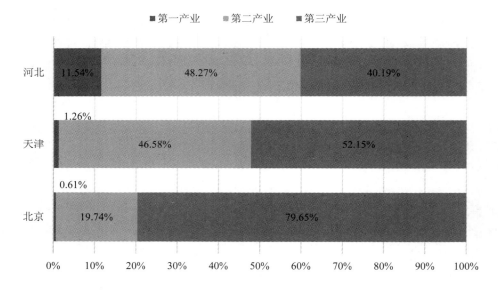

图 1-4 2015 年京津冀三省市三次产业所占比重

（3）人口与城市化

根据《2015 年中国统计年鉴》数据，京津冀三省市总人口为 11 143 万人（表 1-1）。城市化进程来看（图 1-5），北京和天津作为直辖市，城镇化率基本达到或超过 80%，处于城市化进程后期，而河北城镇化率仅为 48.7%，与前者相差较远。

表 1-1 2015 年京津冀三省市人口现状

省 市	总人口/万人	城镇人口/万人	乡村人口/万人	城镇化率/%
北 京	2 171	1 877	293	86.5
天 津	1 547	1 278	269	82.6
河 北	7 425	3 811	3 614	51.3
京津冀合计	11 143	6 966	4 176	62.5

数据来源：《2015 年中国统计年鉴》。

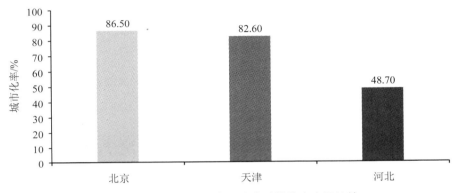

图 1-5 2015 年京津冀三省市城镇化率水平比较

1.2 面临的主要生态环境问题

1.2.1 区域性能源消耗与大气复合污染问题难以解决

（1）能源消费结构不合理

京津冀是典型的以煤炭为主的能源结构。如图 1-6 所示，2015 年京津冀地区煤炭消费总量占全国的 13%，其中河北占 10.7%；单位 GDP 能耗高，河北单位 GDP 煤耗远高于北京、天津及全国平均水平。由于煤炭消费强度高，单位国土面积承载了巨大的污染物排放，成为我国空气污染最重的区域（图 1-7）。

污染物排放总量远超该地区环境承载力。如表 1-2 所示，2015 年，京津冀地区 SO_2、NO_x 和烟（粉）尘排放量分别为 136.5 万 t、173.6 万 t 和 172.5 万 t，分别占全国的 7.3%、9.4% 和 11.2%，单位面积 SO_2、NO_x 和烟（粉）尘排放量是全国平均水平的 3.3 倍、4.2 倍和 5.0 倍。

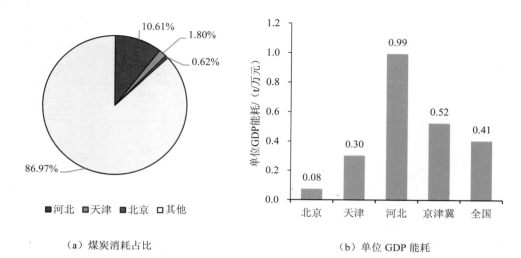

（a）煤炭消耗占比　　　　　　　　　（b）单位 GDP 能耗

图 1-6　2015 年京津冀地区煤炭消耗占比及单位 GDP 能耗比较

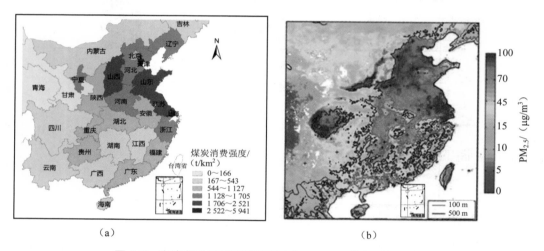

（a）　　　　　　　　　　　　　　（b）

图 1-7　京津冀地区煤炭消耗强度与 PM$_{2.5}$ 污染的严重一致性

资料来源：图（b）来源于参考文献[1]。

表 1-2　2015 年京津冀地区主要污染物排放量及占全国比重　　　　单位：万 t

地　区	二氧化硫	氮氧化物
北　京	7.1	13.8
天　津	18.6	24.7
河　北	110.8	135.1
京津冀合计	136.5	173.6
全　国	1 859.1	1 851.0
占全国比重/%	7.3	9.4

（2）大气环境质量差

河北省 2015 年 SO_2 和 NO_x 排放量均居全国第二，环境承载力严重不足。京津冀地区空气质量是全国大气污染最差区域，城市 $PM_{2.5}$ 年均质量浓度为 77 μg/m³（图 1-8），是 74 个城市平均浓度的 1.4 倍，超过长三角地区和珠三角地区 45.3% 和 126.5%，更为世界卫生组织（WHO）指导值和美国平均年均质量浓度的 8 倍以上。

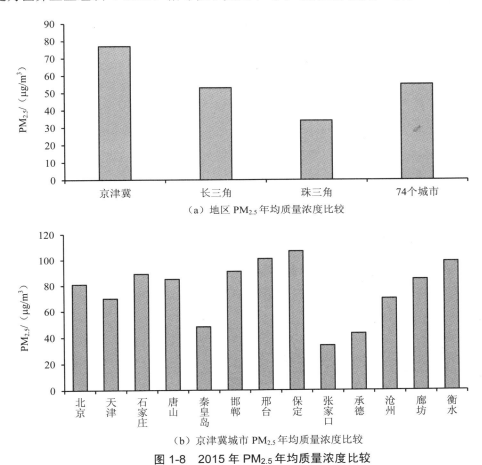

（a）地区 $PM_{2.5}$ 年均质量浓度比较

（b）京津冀城市 $PM_{2.5}$ 年均质量浓度比较

图 1-8　2015 年 $PM_{2.5}$ 年均质量浓度比较

（3）大气污染物来源复杂

二次颗粒物在 $PM_{2.5}$ 中的比例高。京津冀地区为 50%～70%，北京市、天津市和河北省分别为 60%、53% 和 59%。在北京市 $PM_{2.5}$ 中，一次颗粒物主要来自工业过程，二次颗粒物的前体物主要来自能源和交通运输部门；天津市和河北省的 $PM_{2.5}$ 主要来自能源部门。京津冀大气污染存在显著跨界输送特征，北京市 $PM_{2.5}$ 受外来源的影响达 28%～36%，在特定气象条件下，跨界输送对 $PM_{2.5}$ 浓度的贡献甚至高达 40% 以上（图 1-9、表 1-3）。

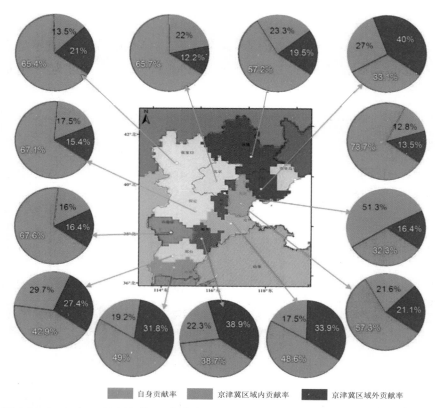

图 1-9　2013 年 1 月京津冀 13 市自身贡献、京津冀区域内贡献和京津冀区域外贡献

资料来源：刘旭艳. 京津冀 $PM_{2.5}$ 区域传输模拟研究[D]. 清华大学，2015.

表 1-3　2013 年京津区域外周围各省对 13 市年均 $PM_{2.5}$ 浓度的传输贡献率　　　单位：%

目标区	排放区									
	山西	内蒙古	辽宁	河南	山东	安徽	江苏	湖北	陕西	其他
北京	1.2	2.0	0.7	1.8	4.1	0.6	0.6	0.1	0.2	0.9
天津	0.9	1.5	1.5	2.5	9.6	0.9	1.2	0.2	0.2	2.7
廊坊	1.2	1.7	0.8	2.6	6.7	0.9	0.8	0.2	0.2	1.3
唐山	0.5	1.6	1.6	1.3	5.5	0.4	0.7	0.1	0.1	1.6
秦皇岛	0.7	4.8	9.7	2.0	11.6	0.7	1.4	0.2	0.1	8.6
承德	1.5	6.1	1.8	2.3	4.5	0.8	0.8	0.2	0.3	1.2
张家口	4.8	8.3	0.4	2.0	2.5	0.4	0.4	0.3	0.8	1.1
保定	2.1	1.5	0.6	2.5	5.8	1.0	0.8	0.2	0.3	0.7
石家庄	4.3	1.1	0.3	3.4	4.4	1.0	0.8	0.2	0.4	0.5
邯郸	3.6	0.8	0.3	13.9	8.2	1.9	1.3	0.6	0.6	0.6
邢台	3.4	0.9	0.4	9.7	8.1	1.8	1.3	0.5	0.6	0.7
沧州	1.3	1.5	1.3	3.7	20.8	1.4	1.7	0.4	0.3	1.5
衡水	1.8	1.2	0.8	7.1	21.6	2.4	2.1	0.6	0.4	0.9

数据来源：刘旭艳. 京津冀 $PM_{2.5}$ 区域传输模拟研究[D]. 清华大学，2015.

1.2.2　区域水资源分配格局与跨界污染问题十分突出

京津冀地区水安全问题越发突出、形势越发紧迫。如图 1-10 所示，2015 年，京津冀地区水资源总量占全国的 1.04%，COD 排放量占全国的 7.28%，氨氮排放量占全国的 6.18%，劣 V 类断面占全国的 14.15%。

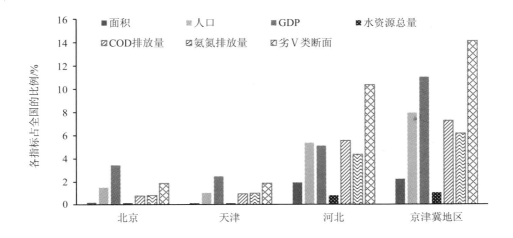

图 1-10　2015 年京津冀地区水资源和水污染占全国比例

（1）水资源严重短缺

京津冀地区已经成为我国严重缺水地区，人均水资源量仅为 130.01 m³（表 1-4），是全国平均水平的 6.38%，世界平均水平的近 1/65。地区流域范围内平原区普遍地表断流，生态常年用水不足。湿地萎缩，功能衰退，现存湿地如白洋淀、北大港、南大港、团泊洼、千顷洼、草泊、七里海、大浪淀等，均面临干涸及水污染的困境。水资源短缺已成为制约本地区发展的全局性限制因素。

表 1-4　京津冀地区水资源及人均水资源现状

类型	北京	天津	河北	京津冀	京津冀占全国比例/%
水资源总量/亿 m³	26.8	12.8	135.1	174.7	0.62
地表水资源量/亿 m³	9.3	8.7	50.9	68.9	0.26
地下水资源量/亿 m³	20.6	4.9	113.6	139.1	1.78
人均水资源量/（m³/人）	124.01	83.56	182.46	130.01	6.38

（2）地下水超采十分严重

京津冀地下水是重要的饮用水水源，占城镇公共总供水规模的一半，其中北京、石家庄、邢台、邯郸等城市的公共地下水供水规模已占总供水规模的70%以上。京津冀地下水总开采量大，地下水超采导致地面沉降和海水入侵。浅层地下水开采程度达80%以上，深层地下水开采程度达140%以上，地面累计沉降量大于200 mm的沉降面积近6.2万 km²。平原区地下水超采严重，形成地下漏斗，导致地面沉降等诸多地质环境问题。海河流域平原浅层地下水水位变差如图1-11所示。

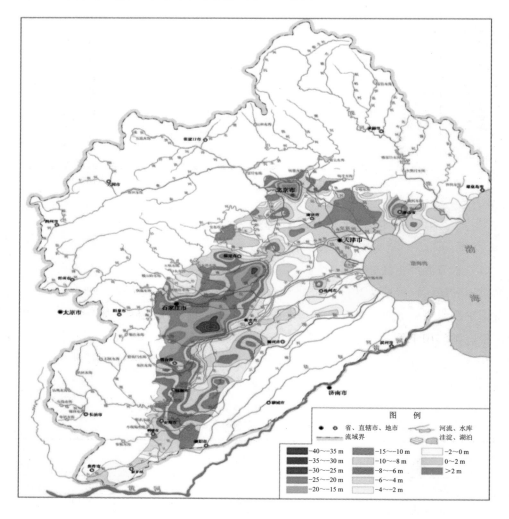

图1-11　海河流域平原浅层地下水水位变差图

（3）水环境质量差

京津冀地区水质状况不容乐观，劣Ⅴ类断面比例高于1/3，且跨界水污染严重。如

表 1-5、表 1-6 所示，2015 年，京津冀国控断面共 51 个，其中劣 V 类占 35.3%，国控省界断面共 23 个，占国控断面总数的 45.1%，其中劣 V 类占省界断面的 43.5%。京津冀地区受污染的地下水占 1/3，重金属污染多集中在石家庄等城市周边，以及天津、唐山等工矿企业周围，地下水中"三氮"（氨氮、硝酸盐氮、亚硝酸盐氮）超标率较高。2013 年京津冀地区劣 V 类断面（左）和跨界断面（右）水质状况如图 1-12 所示。

表 1-5 2015 年京津冀国控断面水质情况

省（市）	类别	断面总数/个	I～III类/个	IV～V类/个	劣V类/个
北京市	河流	7	4	1	2
	湖库	1	1	0	0
天津市	河流	10	5	1	4
	湖库	1	1	0	0
河北省	河流	27	12	4	11
	湖库	5	0	4	1
京津冀地区	河流	44	21	6	17
	湖库	7	2	4	1
	合计	51	23	10	18

表 1-6 2015 年京津冀国控省界断面水质

省（市）	断面总数/个	省界断面数/个	I～III类/个	IV～V类/个	劣V类/个
北京市	8	6	4	0	2
天津市	11	5	3	0	2
河北省	32	12	3	3	6
京津冀地区	51	23	10	3	10

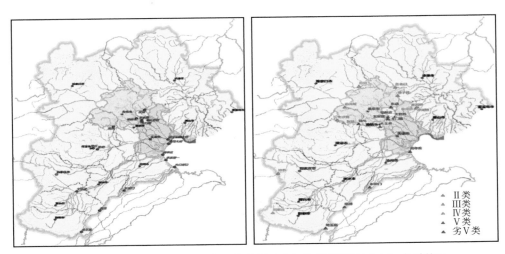

图 1-12 2013 年京津冀地区劣 V 类断面（左）和跨界断面（右）水质状况

（4）近海水质严重恶化

如图 1-13 所示，渤海湾水质极差，劣四类海水占 75%，在全国 9 个重要海湾中，其劣四类比例仅次于杭州湾和长江口。近 50 年来，入海水量逐渐减少，且主要是汛期洪涝水和污水，遇干旱年份，入海水量几乎为零。12 个主要入海河口都存在淤积问题，泄洪能力大为降低。入海水量的减少，使流域生态系统由开放型逐渐向封闭式和内陆式方向转化，河流生物物种转向低级化。图 1-14 为我国主要近海海域水质现状。

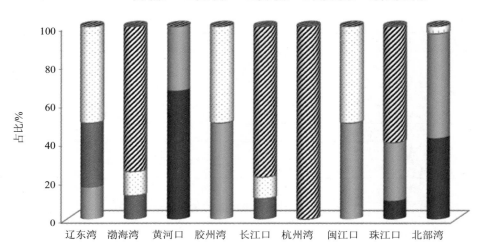

图 1-13　渤海湾水质与其他地区近海水质比较

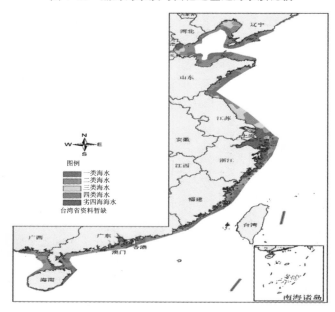

图 1-14　我国主要近海海域水质现状

（5）平原区地表普遍水断流

在控制地下水超采、保证南水北调、保证引黄补给、考虑侧渗补给的情况下，京津冀地区总断流的河长仍将在 27%以上，大部分在河北平原区。海河流域断流情况如图 1-15 所示。

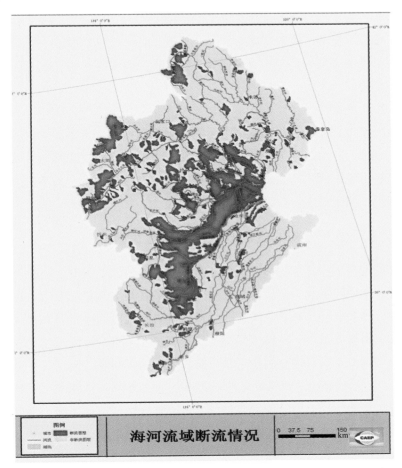

图 1-15 海河流域断流分布图

1.2.3 区域生态失衡，生态安全受到严重威胁

（1）土地荒漠化问题十分突出

地区性沙尘天气频发，森林覆盖率低。其中荒漠化土地面积为 44 167.2 km²，接近20%。地区内沙漠化敏感性较高，约一半国土荒漠化敏感性在敏感以上。重点地区在河北省北部张承地区，华北平原上较易发生荒漠化的土地为永定河、潮白河下游等干涸河道地区。其中侵蚀强度在中等以上的地区主要分布在西北部山区和坝上高原地区。冀北

地区对京津风沙天气影响比较大，最为直接的是三大沙区、六大风口、五大沙滩和九条风沙通道。

（2）水土流失十分严重

区域内水土流失面积为 5.8 万 km^2，占全区总土地面积的 31.7%，水土流失严重的地区多为贫困人口集中的西部和北部的太行山东坡、燕山山地，进一步引发生态与贫困的恶性循环，对官厅和密云两大水库行洪和供水形成巨大压力。经过 30 多年集中治理，虽然首都地区水土流失面积治理率为 43.1%，河北省境内治理率为 23%，但边治理边破坏的现象相当普遍。

（3）地区生态失衡

京津冀地区城市扩张、工业开发挤占生态用地导致城市绿地不足、生态系统功能衰退，热岛效应显著，北京热岛强度已达 2 度，高于上海、广州、沈阳等。城镇连片开发与交通网络隔断了生态廊道，高消耗、高污染产业掠夺生态用水，破坏生态屏障，尤其是太行山、燕山、坝上地区，生态脆弱，恢复难度大。

1.2.4 区域之间相互分割的机制政策亟待健全完善

当前京津冀地区生态环境严峻形势的主要原因在于北京、天津、河北三地经济发展与生态环境保护都从自身利益出发，依靠自身力量、各自为政，产业准入标准、环保执法力度、污染治理水平存在差异，体制机制和政策措施难以适应京津冀地区生态环境协同保护的新特点和新要求。一是环境保护统筹协调机制不健全，尚未建立区域层面的环境与发展综合决策机制。二是有利于区域生态环境保护的价格、财税、金融等政策不健全，水资源费、污水处理费、排污费征收标准和生态公益林补偿标准不一致。三是环境基础设施未能共建共享，增加了环境保护成本。四是区域环境监管能力薄弱，城市之间环境管理协调不足、缺乏联动。五是区域内部对如何共同争取国家的支持、如何从区域角度进行产业布局的宏观统筹等重大问题考虑不够，区域内合作的模式尚不明确。

1.3 严峻环境形势的原因分析

京津冀地区经济发展消耗大量资源和能源，也产生并排放了大量的污染物，造成区域经济社会发展需求与生态环境保护矛盾十分突出，资源短缺和环境承载力不足制约着经济社会的健康发展。

1.3.1 能源和产业结构是区域环境污染的主要原因

以煤炭为主的能源消费结构加大生态环境保护压力。2015 年，京津冀地区以 2.26%

国土面积消耗了全国 13.03% 的煤炭消耗量。其中，北京煤炭消费总量为 4.8%，但天津市和河北省的煤炭消耗总量占比分别为 13.8% 和 81.4%，这种能源消费结构对生态环境保护工作造成了巨大压力。

产业结构中重化工比重偏高。2015 年，河北省三次产业比重为 11.54∶48.27∶40.19。在第二产业中，传统产业占比大，轻工业与重工业比重约为 2∶8。河北省粗钢、水泥和平板玻璃产量分别占全国的第一位、第六位和第一位，仅粗钢产量就占全国总产量的近1/4。偏重的产业结构，由我国工业化阶段所决定，同时增加了生态环境的压力。

1.3.2　缺乏遏制生态环境恶化趋势的有效资金投入

目前，京津冀环境保护基础设施建设和运营存在投入的严重不足。环保资金来源渠道单一，主要靠政府财政投入，大量的社会资金难以进入环保市场。与此同时，绝大多数环保企业资金严重不足，生产经营困难；没有引入市场化、产业化机制和第三方治理，是造成基础设施建设严重滞后和处理效果不好的关键原因。据统计，2015 年京津冀地区环境污染治理投资总额为 936.6 亿元，环境保护能力建设投资为 43.81 亿元，分别占区域地区生产总值的 1.4% 和 0.1%，相较于严峻的环境形势和繁重的治污任务，杯水车薪的投入难以遏制生态环境的恶化。随着工业化与城镇化的快速发展，环境保护的需求不断加大，资金短缺问题将日益突出。

1.3.3　缺乏顶层设计，难以形成联防联治的协同机制

目前，京津冀地区尚未形成一个完整、统一、协调的综合环境管理体制机制，主要表现在：

（1）区域联动机制尚未全面建立

受自然条件、资源禀赋和产业结构、能源结构等的制约，京津冀区域空气污染严重，水污染问题突出，生态环境形势严峻。属地管理及行政分割的环境管理体制，尚未建立区域联动机制，极大地影响着环境保护的统一协调，严重制约着环境管理的有效性。

（2）联合执法机制尚未形成

在现行属地管理体制下，基于京津冀区域联合环境执法、联合监管机制尚未形成。在区域联合执法方面，河北省已着手探索和建立联合执法监管工作，虽与北京、天津、内蒙古、山东、山西、辽宁、河南省（区、市）环保厅（局）签订了《跨界环境污染纠纷预防处置协议》，但缺乏长效机制。

1.3.4　差异的环保准入难以阻止污染转移和布局

京津冀生态环境是一个整体，是三地经济一体化与可持续发展的重要基础。京津冀

的生态环境保护合作，要通盘考虑三地的整体环境承载力，着眼于扩大总体环境容量生态空间，统筹协调三地的环保政策和标准，共同推动京津冀区域生态环境质量的快速改善。然而，受区域行政属地分割的影响，三地在制定环保政策、标准时仅从本地经济发展及环保需求角度出发，上下游缺乏有效衔接，不利于实现区域一体化管理。差异化的环境标准和环境执法，难以防止污染转移，导致"按下葫芦浮起瓢"的情形出现。

1.3.5　体制和机制扭曲是生态环境困境的深层次原因

造成京津冀地区严峻生态环境形势的深层次原因主要表现在：一是利益不均衡，经济发展与生态环保不能有效平衡，"重发展、轻环保"的落后政绩观仍根深蒂固，尤其是河北省作为经济落后地区，面临经济发展和环境保护的双重压力，多年来，始终找不到方向，一些地方至今仍不顾资源环境后果，一味发展经济的冲动还在。二是缺乏顶层设计与协调机制，京津冀三地始终没有走出"现有行政区"掣肘，城乡布局与产业发展缺乏整体统筹设计，发展功能紊乱，各自为政，产业准入标准、污染物排放标准、环保执法力度、污染治理水平存在差异，缺乏联防联控共治的协同机制。三是京津冀生态环保的责任与义务缺乏合理明晰的制度化保障。各地都以自我利益最大化为准则，市场经济的力量在政治和行政权力下失去效能。特别是河北省矛盾最为尖锐，各自生态环保的权利责任界定不清晰，缺乏利益协调、合作共赢的生态补偿制度保障，难以真正形成生态环境协同保护的利益平衡机制。

1.4　生态环境协同发展的意义

（1）生态环境协同发展是落实新时期党和国家战略的根本要求

京津冀是国家发展中的重要区域之一，已经成为继长三角、珠三角之后，第三个最具活力的区域。然而，京津冀区域生态环境问题突出，已成为京津冀可持续发展的首要制约因素。2014 年年初，国家主席习近平在北京主持召开座谈会，作了重要讲话，强调实现京津冀协同发展。随后国务院召开京津冀协同发展会议，进行工作部署，并要求将生态环保作为首要工作，率先提出解决方案。中央将京津冀定位为"重大国家战略"无疑令京津冀迎来了发展的新纪元。为落实新时期这个重大国家战略，必须加强区域生态环境保护，以生态环境为基础和约束，重构区域经济新格局。

（2）生态环境协同发展是建设生态文明、实现发展转型的根本途径

当前是京津冀地区全面建设小康社会和率先基本实现现代化的关键时期，是实现京津冀地区经济结构战略性调整、构建区域经济新格局的战略机遇期。在全面建设生态文明、实现绿色发展转型的新背景下，京津冀协同发展既要"金山银山"实现经济协调发

展，还必须要"蓝天绿水青山"。只有打破常规，加强京津冀生态环保协调发展，以生态环境空间统一格局为基础，以生态环境共建共治为导向，引领和优化京津冀区域分工和发展布局，才能构建京津冀地区整体朝着绿色、协调、统一、可持续的方向健康发展。

（3）生态环境协同发展是破解区域环境难题、提升整体竞争力的迫切需要

京津冀地区是我国北方经济发展最为活跃的地区之一，也是我国全面建设小康社会和率先实现社会主义现代化的关键区域。但区域能源资源保障能力薄弱、区域性环境污染问题突出、资源环境约束凸显、国际环境压力加大等问题对区域协调、有序、持续发展产生重大影响。只有转变思想，从区域整体环境承载力出发，打破行政区划限制、加强部门联合、创新体制机制、加快推进生态环境保护整体防治，构建生态红线体系，引导经济发展和产业布局，才能破解区域环境难题，实现区域环境质量的整体提升、生态系统的整体改善，从而进一步促进可持续发展、提升区域竞争力。

（4）生态环境协同发展是探索世界级城市群进程中环保新路的重大实践

京津冀地区快速城市化进程对生态环境保护提出了新的更高要求，不仅要保障经济社会的快速发展，还要在该区域提供更好的空气、环境以及更宽松、舒适的生活品质，这是对我国如何在高速城市化过程中解决生态环境问题、如何建立跨区域政府的生态建设和环境保护协调机制、如何提高公众环境意识和参与、探索低碳经济发展、探索新能源利用和资源高效利用模式等方面的积极创新，在打造"绿色优质城市群"的同时，为探索世界特大城市群实现环境优化经济增长、探索环境保护新路积累宝贵经验。

第2章

区域环境功能定位与战略目标

以生态文明建设为指导，打破行政区划限制；以地区生态环境承载力和环境质量为前提条件，强化红线控制和环境功能分区管理；以环境容量明确不同区域的功能定位和发展方向，把握发展节奏，调控经济社会发展规模和布局，促进资源有序开发和生态环境保护。坚持高标准、严要求，出"重拳"、用"重典"，用最有效的机制、最管用的政策、最严格的制度、最可行的手段加强生态环境治理，促进该地区绿色和谐发展。

2.1 功能定位

在未来区域绿色发展战略中，京津冀地区应定位为全国生态文明建设先行示范区、人与自然和谐发展的典范。其中将北京市定位为世界大城市环境质量改善示范区、世界环境宜居城市。天津市定位为北方生态经济建设示范中心、全国生态保护与建设的桥头堡。河北省定位为京津冀生态屏障与生态涵养区、环境优化经济发展的模范区。

2.2 指导思想

全面贯彻落实科学发展观和生态文明建设要求，深刻把握生态环保一体化在京津冀协同发展和维护首都生态环境质量中的重要作用，加强顶层设计和总体思路研究，打破行政区划限制，以问题和目标为导向，以生态环境共建共治为核心，以生态环境空间统筹为抓手，以生态保护红线为约束，引领和优化京津冀功能和经济发展布局，针对生态空间格局、大气联防联控、水环境统筹优化、环境监管与综合决策等方面，提出京津冀生态环保整体化发展的长效机制和政策措施，增强区域可持续发展能力，提高地区生态文明水平，使京津冀地区在更高层次上实现人与自然、环境与经济、人与社会的和谐发展。

2.3　基本原则

（1）科学发展，环境优先

坚持环境与发展综合决策，以生态环境承载力为基础，明确不同区域的功能定位和发展方向，把握发展节奏，控制发展规模，优化发展布局，转变发展方式，促进资源有序开发和生态环境保护，提高区域整体竞争力和可持续发展水平。

（2）分区引导，强化调控

制定环境功能分区，按照环境功能要求实施分区引导、分类管理。强化红线控制，划定生态功能红线、环境质量底线、资源利用上限，实施严格管理，调控经济社会发展规模和布局。

（3）统筹兼顾、重点突破

从区域一体化的视角，坚持区域统筹、流域统筹、陆海统筹、城乡统筹、环境与发展统筹，形成区域环境管理的新模式。分阶段分步骤，突出重点，以点带面，针对重点地区、重点行业和重点环境问题，集中力量、率先突破重点任务和工程。

（4）严防联控、协同推进

按照流域、区域环境管理的整体性和系统性要求，建立跨界水污染和区域大气复合污染联防联控机制。针对需要协同解决的环境问题，深化京津、京冀、冀津之间的双边合作或多边合作，加强协调、集中资源、攻坚克难、共同推进生态环保一体化进程。

（5）创新机制、先行先试

充分发挥京津冀地区的地位优势、经济优势、政治优势和国家战略优势，大胆创新，勇于实践，先行先试，完善法制，健全标准，大胆探索区域环保一体化的新体制、新机制、新政策、新模式，走出一条具有京津冀特色的区域环境保护新路。

2.4　战略目标

到 2017 年，区域生态环境保护协作机制有效运行，资源环境生态红线体系基本建立，重大生态环保工程全面实施，区域生态环境质量恶化趋势得到遏制，力争超额完成国家确定的大气、水、土壤治理目标，主要污染物排放总量有效削减，空气和水质量有所好转，重污染天气和黑臭水体大幅度减少，饮用水安全保障水平进一步提升，地下水超采得到有效遏制，河湖和海洋生态功能得到修复。

到 2020 年，城乡环境基础设施体系基本完善，主要污染物排放总量大幅削减，区域生态环境质量明显改善，PM$_{2.5}$浓度比 2012 年下降 40%左右，重要江河湖泊水功能区达标率达到 73%，基本实现地下水采补平衡，森林覆盖率达到 30% 以上，"三化"草原治理面积达到 50% 以上，湿地保有量达到 130 万 hm² 以上，"山水林田湖"的生态功能得到改善。

到 2030 年，区域生态环境质量显著改善，地级及以上城市空气环境质量达到国家标准要求，重要江河湖泊水功能区达标率达到 95%，水体基本消除劣 V 类水质，区域生态系统基本得到恢复，努力建设生态文明，成为全国生态环境显著改善区域之一。

2.5　战略思路

（1）以环境空间优化区域发展格局

制定实施基于环境功能和生态的分级分区控制体系，以空间分区分类指导为主线，引导区域发展格局。尊重自然生态本底，划定山、水、林、城、海的城市廊道，构建贯通城市内外的风道和冷桥，协同城市间自然生态安全基础格局并严格保育，引导城市发展空间和产业格局往生态化、集约化转变。

（2）以生态红线调控区域发展规模

耦合自然和行政边界，确定与环境系统格局相对应的土地资源、水资源、水环境、近岸海域环境、大气环境、生态产品等的承载能力，划定生态红线，引导环境资源利用方式往集约高效转变，以红线调控城市人口和经济发展规模。

（3）以环境质量提升区域发展品质

切实改善大气环境质量、水环境质量、农村与土壤环境质量，将保障人居和群众健康的环境质量、能力充足和布局合理的环境基础设施、顺畅及时的环境信息服务统一纳入环境基本公共服务体系，引导城市发展品质往公平共享、适应公众需求转变，以良好的环境品质支撑京津冀成为宜居城市群。

（4）以监管能力保障区域发展安全

加强区域环境监测能力建设和环境监测质量管理一体化机制，建立跨区域的联合执法机制、跨区域的环境应急协调联动机制、区域一体化的环境信息标准与信息共享机制，最终通过京津冀区域一体化的环境监管平台建设保障区域环境安全。

（5）以体制机制协调区域生产关系

充分认识生产关系的梳理和解决在京津冀协同发展的重要作用，以京津冀区域为统一体，打破行政区界限，研究建立一体化的综合决策、基础设施与保障机制政策，深化协作、协调，注重高层环境与发展综合决策与议事协调机制的建立，关注城市联盟、行业组织、民间组织、环保科研、人才交流等协调与合作机制的作用。

第 3 章

区域环境功能区划研究

环境问题是京津冀地区实现协同发展必须率先突破的重点问题之一。实施分区环境功能管控是改善区域环境质量、提升区域生态功能的关键。本章基于京津冀地区自然、社会、经济多方面因素进行环境功能综合评价，并充分衔接现有的相关区划与规划，研究提出京津冀地区环境功能区划方案。研究将京津冀地区划分为禁止开发区、重点生态功能区、农产品主产区、重点开发区和优化开发区五类环境功能区，并对各类环境功能区分别提出了管控措施。本章构建了基于环境功能评价和主导因素法的环境功能区划技术体系，为主体功能区战略在环保领域的落实提供了指导，对京津冀地区实现协同发展具有一定的现实意义。

3.1 环境功能区划的必要性和重要意义

3.1.1 环境功能区划的必要性

环境功能区划是主体功能区划的延伸和细化。2010 年 12 月国务院印发了《全国主体功能区规划》（国发〔2010〕46 号），提出了推进形成主体功能区的宏观发展战略，将国土空间划分为优化开发、重点开发、限制开发和禁止开发四类区域，统筹谋划我国人口分布、经济布局、国土利用和城镇化布局，是推进形成主体功能区的基本依据，是科学开发国土空间的行动纲领和远景蓝图，是国土空间开发的战略性、基础性和约束性规划。

党中央、国务院高度重视主体功能区实施工作。《中共中央关于全面深化改革若干重大问题的决定》明确提出了坚定不移实施主体功能区制度，建立国土空间开发保护制度，严格按照主体功能区定位推动发展。2011 年 12 月，李克强同志在第七次全国环保大会明确提出，结合实施主体功能区规划，编制全国环境功能区划的要求。2013 年 5 月，习近平总书记在中共中央政治局第六次集体学习时强调"要严格实施环境功能区划，严格按照优化开发、重点开发、限制开发、禁止开发的主体功能定位，在重要生态功能区、陆地和海洋生态环境敏感区、脆弱区，划定并严守生态红线，构建科学合理的城镇化推进格局、农业发展格局、生态安全格局，保障国家和区域生态安全，提高生态服务功能"。

3.1.2　编制环境功能区划的重要意义

（1）编制环境功能区划是落实主体功能区战略和优化国土空间开发格局的具体实践

当前国土空间开发过程中存在空间开发结构不合理、空间利用效率不高等问题，经济布局与资源分布失衡，生产空间特别是工矿生产占用空间偏多，生态空间偏少。环境功能区划把国土空间开发的着力点放到调整和优化空间结构、提高空间利用效率上，按照生产发展、生活富裕、生态良好的要求，保护好环境主导功能，逐步扩大绿色生态空间、城市居住空间、公共设施空间，保持农业生产空间，着力构建"两屏三带"为主体的生态安全战略格局，把该开发的区域高效集约地开发好，把该保护的区域切实有效地保护好，使有限的国土空间不仅成为当代人的发展基础，也成为后代人的发展保障。

（2）编制环境功能区划是对主体功能区规划相关生态建设和环境保护内容要求的细化落实

编制环境功能区划有利于实施差别化的区域环境政策，有利于建立健全科学的环境管理监管体系，是对主体功能区规划相关生态建设和环境保护内容要求的细化落实。在环境管控措施方面，在原有的区域政策和措施基础上，明确各类主体功能区的环境功能，提出更具有针对性的生态建设和环境保护措施，大大增强环境管理政策措施的针对性、有效性和公平性。在环境监管方面，可以为建立一个全空间覆盖、统一协调、更新及时、反应迅速、功能完善的环境监管系统提供基础平台。在考核评价方面，不同地区资源环境禀赋和环境功能差异很大，对经济社会发展的制约程度也不同，根据环境功能实行各有侧重的绩效评价，可以提高环境绩效评价的科学性和公正性，有利于形成科学有效的激励机制。在规划实施方面，作为基于主体功能区战略的基础性环境保护规划，为保障主体功能区经济社会与生态环境协调发展提供保障。

（3）编制环境功能区划是促进国土空间高效、协调、可持续开发的基础

长期以来，我国实行以行政区为单元推动经济发展的方式，这是造成经济增长与资源短缺和生态环境容量矛盾的重要原因。环境功能区划是基于主体功能区战略，突破地区壁垒和行政分割，以主体功能区的环境资源禀赋和环境功能为基础，制定有针对性的环境保护空间管控政策和措施，合理引导不同区域产业相对集聚发展、人口相对集中居住，促进经济社会和人口资源环境相协调，促进资源节约和环境保护，为促进生产要素空间优化配置和跨区域合理流动，形成国土空间高效、协调、可持续发展提供基础性的环境保障。

（4）编制环境功能区划是统筹主体功能区的开发功能与环境功能匹配协调性、安全适宜性、支撑保障性的战略安排

目前，资源与环境状况对全国以及各地经济发展已经构成严重制约，一些地区超强度开发，一些城市"摊大饼"式的发展，超过了当地资源环境承载能力。明确地区的环境功能，对使其与开发功能相匹配具有重要作用。环境功能区划是基于主体功能区战略，通过明确不同主体功能区的环境功能，使所有地区都根据环境功能定位，以及经济、人口、资源和环境条件调整产业结构、优化经济布局，把转变发展方式的各项要求落到实处，解决过度开发隐患，促进经济发展方式转变，提高资源空间配置，统筹主体功能区的开发功能与环境功能的协调性、安全适宜性和支撑保障性。

3.2　环境功能区划的方法和技术路线

3.2.1　环境功能内涵界定

环境一般是指围绕着人类的外部世界，与人类发生相互作用的自然因素和社会因素及其总体。《环境保护法》定义的"环境"是指影响人类生存和发展的各种天然的和经过人工改造的自然因素的总体，包括大气、水、海洋、土地、矿藏、森林、草原、野生生物、自然遗迹、人文遗迹、城市和乡村等。环境是人类生存和繁衍的物质基础，保护和改善环境是人类维护自身生存和发展的前提。

环境功能从广义上讲是指环境要素及由其构成的环境系统对人类生存、生活和生产所具有的职能和作用，归结为资源供给和健康保障两个方面。前者指环境为人类生活生产所提供的必要的水、土、矿产等资源，强调环境要素的"资源"属性，后者指环境能够为人类生存发展提供清洁的水、干净的空气，以及稳定的自然生态系统等，强调环境系统的"安全或健康"属性。

结合当前环境保护的工作重点，突出环境的健康保障功能，把"环境功能"界定为环境各要素及其组成系统为人类生存、生活和生产所提供必要环境服务的总称。基于环境的健康保障属性，一方面保障与人体直接接触的各环境要素的健康，即维护人居环境健康；另一方面保障自然系统的安全和生态调节功能的稳定发挥，构建人类社会经济活动的生态环境支撑体系，即保障自然生态安全（图 3-1）。

环境功能区划是对区域进行环境功能分区，明确各区域的主要环境功能，分区提出维护和保障主要环境功能的总体目标和对策，并对水、大气、土壤和生态等专项环境管理提出管控导则。

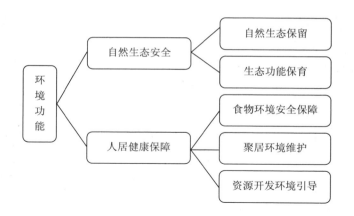

图 3-1　环境功能区类型

3.2.2　环境功能区划方法

以主体功能区规划等相关区划和规划为依据，从环境功能的内涵和环境功能综合评价结果出发，根据环境功能的空间分异规律，对空间分区进一步细化调整，提出环境功能区划方案，分区提出环境管理目标，各类环境功能区随着人类活动扰动强度的依次增强，环境质量也在逐渐变差，依此分级制定环境质量要求和污染物总量控制、工业布局与产业结构调整等环境管理要求，保障各类功能区环境功能的稳定发挥。

3.2.3　环境功能区划的技术路线

环境功能区划分应遵循以下技术路线：

第一步，从环境功能的内涵出发，建立环境功能区划系统。

第二步，建立环境功能综合评价指标体系，以县（区、市）为单元进行环境功能综合评价。

第三步，根据主导因素，对相关部门现有分区进行归整，依次识别环境功能类型区：

①确定Ⅰ类区自然生态保护区范围：依据法律法规，划出自然资源保留区；划出尚未受到大规模人类活动影响且仍保留着其自然特点的较大连片区域。

②确定Ⅱ类区生态功能调节区范围：是《主体功能区规划》确定的限制开发的重点生态功能区。

③确定Ⅲ类区农产品环境安全保障区范围：是《主体功能区规划》确定的限制开发的农产品主产区。

④确定Ⅳ类区聚居环境维护区范围：是《主体功能区规划》确定的优化开发区和重点开发区。

⑤确定Ⅴ类区资源开发引导区范围：参考国土部门确定的能源矿产资源重点开发地区。

第四步，进行总体复核和调整，确定环境功能区划初步方案。

第五步，在各类环境功能区内，根据环境功能的体现形式差异或环境管理要求差异，划分环境功能区亚类。

第六步，根据各环境功能区特征，提出针对性的环境管理目标和对策。

3.3 环境功能综合评价结果

建立环境功能综合评价指标体系和环境功能综合评价指数（A），计算方法如下：

$$A = K \times P_2 - P_1$$

式中：P_1——区域保障生态安全类指数；

$\quad\quad P_2$——区域维护人群环境健康类指数；

$\quad\quad K$——区域环境支撑能力指数。

区域综合评价指数越高的地区环境功能越偏向于维护人群环境健康，反之则偏向于保障自然生态安全。

P_1、P_2 及 K 的评价指标见表 3-1。

表 3-1　环境功能综合评价指标体系

一级指标	二级指标
（一）保障自然生态安全（P_1）	（1）生态系统敏感性
	（2）生态系统重要性
（二）维护人群环境健康（P_2）	（3）人口集聚度
	（4）经济发展水平
（三）区域环境支撑能力（K）	（5）环境容量
	（6）环境质量
	（7）污染排放
	（8）可利用土地资源
	（9）可利用水资源

根据上述评价指标，得到京津冀地区环境功能评价结果（图 3-2）。

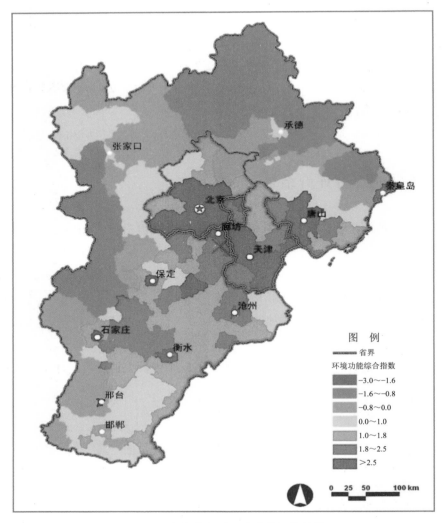

图 3-2　京津冀区域环境功能评价结果

3.4　京津冀区域环境功能区规划

3.4.1　主导因素法识别环境功能区

　　根据环境功能综合评价指标，每个评价单元都相应的有一个环境功能综合评价值，分值越高的地区环境功能越偏向于维护人群环境健康方面；反之则偏向于保障自然生态安全方面。

　　综合考虑对评价单元具有重要影响的主导因子以及相关的国家政策、规划等，通过选取不同类型环境功能区的主导因素，划分自然生态保护区、生态功能调节区、农产品环境安全保障区、聚居环境维护区和资源开发引导区，对评价结果进行修正，提出环境功能区划备选方案。

需要考虑的国家层面相关规划、政策包括《主体功能区规划》《全国生态功能区划》《重点流域水污染防治规划》《重金属污染综合防治"十二五"规划》《全国土壤环境保护规划》《全国城镇体系规划纲要》等。

根据主导因素法，自上而下划分环境功能区，划分各类型区的主导因子见表 3-2。

表 3-2　环境功能类型区的主导因子

环境功能区	主　导　因　子
（1）自然生态保护区——禁止开发区	人口密度极低，人口流动性差
	经济总量小，经济活力低
（2）生态功能调节区——重点生态功能区	存在沙漠化、土壤侵蚀、石漠化、土壤盐渍化等风险
	具有较高的水源涵养、水土保持、防风固沙、生物多样性保护及其他生态系统服务功能
	生态系统的完整性、稳定性
（3）农产品环境安全保障区——农产品主产区	主要农产品、畜禽产品产地
	水产品产量较高
（4）环境风险防范区——重点开发区	区域的产业聚集度高，经济总量大，经济增速快
（5）环境优化区——优化开发区	区域人口聚居规模较大，人口流动性强，城镇化水平高

3.4.2　环境功能区的划分条件

以各评价单元环境功能综合评价值为基础，考虑各类功能区识别的主导因素，划分各类环境功能区及其亚区。各类环境功能区及其亚区划分条件如下。

（1）自然生态保护区——禁止开发区

自然生态保护区包括具有一定的自然文化资源价值区域，以及尚未受到大规模人类活动影响且仍保留着其自然特点的较大连片区域。

（2）生态功能调节区——重点生态功能区

生态功能调节区包括区域生态系统功能重要，关系全国或较大范围区域生态安全，需保持并提高生态调节能力的区域，是主体功能区规划确定的限制开发的重点生态功能区。

（3）农产品环境安全保障区——农产品主产区

农产品环境安全保障区包括我国主要粮食及优势农产品主产区、主要畜禽养殖业地区和内陆水域及沿海渔业养殖捕捞区，是主体功能区规划确定的限制开发的农产品主产区。

（4）环境风险防范区——重点开发区

环境风险防范区包括工业化和城镇化发展较快、生态环境压力较大、资源和环境问题逐渐显现、总体上环境承载力较强、生态环境尚未遭到严重破坏的地区。

（5）环境优化区——优化开发区

环境优化区包括经济社会发达、环境管理有效、生态环境质量较好的地区，主要包括国家环境保护模范城市、国家生态建设示范区等，是环境经济协调发展的先导示范区。

3.4.3 环境功能区划成果

京津冀地区共分为五类环境功能区。其中，自然生态保护区总面积为 21 875 km²，占整个区域的 10.1%；生态功能调节区总面积为 105 067 km²，占整个区域的 48.6%；农产品环境安全保障区总面积为 40 600 km²，占整个区域的 18.8%；环境风险防范区总面积为 31 767 km²，占整个区域的 14.7%；环境优化区总面积为 38 589 km²，占整个区域的 17.9%，各类型环境功能区分区结果、面积及占比如表 3-3、图 3-3、图 3-4 所示。

表 3-3　京津冀三省市各类环境功能区面积及占比

分区		北京		天津		河北		合计	
		面积/km²	占比/%	面积/km²	占比/%	面积/km²	占比/%	面积/km²	占比/%
（1）自然生态保护区——禁止开发区	自然保护区	963	5.9	904	7.6	6 267	3.3	8 134	3.8
	地质公园	93	0.6	342	2.9	3 326	1.8	3 761	1.7
	风景名胜区	1 895	11.5	106	0.9	7 080	3.8	9 081	4.2
	森林公园	781	4.8	21	0.2	5 072	2.7	5 874	2.7
	自然文化遗产	129	0.8	0	0.0	2 500	1.3	2 629	1.2
	水源保护区	294	1.8	255	2.1	4 304	2.3	4 853	2.2
	湿地公园	0	0.0	0	0.0	194	0.1	194	0.1
	小计	**3 023**	**18.4**	**1 482**	**12.4**	**17 370**	**9.3**	**21 875**	**10.1**
（2）生态功能调节区——重点生态功能区	坝上高原风沙防治区	0	0.0	0	0.0	33 571	17.9	33 571	15.5
	燕山山地水源涵养与水土保持区	6 653	40.5	3 022	25.4	36 571	19.5	46 246	21.4
	太行山山地水源涵养与水土保持区	4 606	28.1	0	0.0	20 644	11.0	25 250	11.7
	小计	**11 259**	**68.6**	**3 022**	**25.4**	**90 786**	**48.4**	**105 067**	**48.6**
（3）农产品环境安全保障区——农产品主产区	燕山山前农业区	0	0.0	0	0.0	9 606	5.1	9 606	4.4
	黑龙港平原农业区	0	0.0	0	0.0	30 994	16.5	30 994	14.3
	小计	**0**	**0.0**	**0**	**0.0**	**40 600**	**21.6**	**40 600**	**18.8**
（4）环境风险防范区——重点开发区	张承盆谷城市区	0	0.0	0	0.0	7 070	3.8	7 070	3.3
	滨海产业发展区	0	0.0	2 454	20.6	0	0.0	2 454	1.1
	黑龙港中北部城市区	0	0.0	0	0.0	4 069	2.2	4 069	1.9
	冀南城市发展区	0	0.0	0	0.0	18 174	9.7	18 174	8.4
	小计	**0**	**0.0**	**2 454**	**20.6**	**29 313**	**15.6**	**31 767**	**14.7**

分区		北京		天津		河北		合计	
		面积/km²	占比/%	面积/km²	占比/%	面积/km²	占比/%	面积/km²	占比/%
（5）环境优化区——优化开发区	京津生态型城市发展区	5 151	31.4	6 444	54.1	0	0	11 595	5.4
	燕山山前平原城市区	0	0.0	0	0.0	8 807	0	8 807	4.1
	环渤海新兴城市区	0	0.0	0	0.0	18 187	0	18 187	8.4
	小计	5 151	31.4	6 444	54.1	26 994	14.4	38 589	17.9

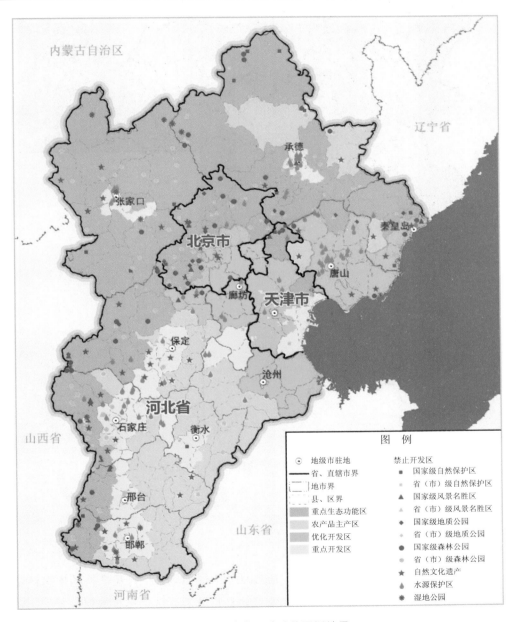

图 3-3　京津冀环境功能区划结果

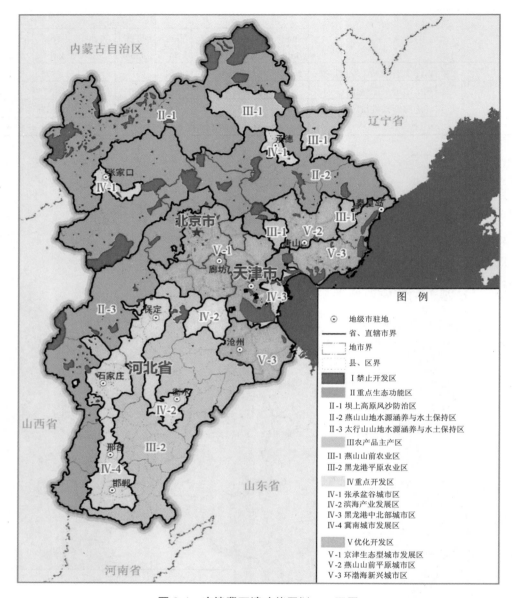

图 3-4 京津冀环境功能区划——亚区

3.4.4 环境功能区管理

（1）自然生态保护区——禁止开发区

自然生态保护区应按照"依法管理、强制保护"的原则，执行最严格的生态环境保护措施。按照国家相关法律法规，尽快制定或修订京津冀区域森林管理保护条例、风景名胜区管理办法、河湖保护管理条例、水土保持实施办法等地方性配套法规和规章制度。

加强对已列为全国重要饮用水水源地的管理，依法划定水源地保护区。

除必要的交通、保护、修复、监测及科学实验设施外，禁止任何与资源保护无关的建设；新建交通基础设施严禁穿越自然保护区核心区；旅游及农牧业活动不得损害主体环境功能；区内不得分配污染物排放总量，不得新建工业企业和矿产开发企业，限期搬迁或关闭污染物排放达不到国家和地方排放标准的现有各类企业。

拓宽保护区建设的资金渠道，实施生态补偿和专项财政转移支付政策，加强环境基础公共服务设施建设，提高地方政府的公共服务能力；统筹安排支付山区发展的专项资金，改善生态环境，发展环境友好型的生态旅游产业。建立耕地和基本农田保护的经济补偿机制，建立区县间补充耕地指标有偿转让机制。

适当拓展自然生态保护区的休闲观光、科考探险功能。在继续完善森林生态系统自然保护区布局的同时，将河湖、海洋和草原生态系统及地质遗迹、小种群物种的保护作为新建自然保护区的重点。按照自然地理单元和物种的天然分布对已建自然保护区进行整合。

（2）生态功能调节区——重点生态功能区

生态功能调节区应按照"生态优先、适度发展"的原则，坚决遏制生态系统退化的趋势，建设人与自然和谐相处的示范区。逐步关闭或搬迁生态破坏或污染严重的企业。从严控制排污许可证的发放，严格控制污染物排放总量，将排污许可证允许的排放量作为污染物排放总量的管理依据，实现污染物排放总量持续下降。严禁不适合主体环境功能定位的项目进入。加大生态功能调节区投入，实施天然林资源保护、退耕还林还草还湿等重大生态修复工程。加强小流域治理，重点保护官厅水库、王快水库、西大洋水库、于桥水库、岗南水库等重要水库及其水源涵养区。加强对采矿区的管理工作，控制矿产资源开发对生态的影响和破坏。有计划、有步骤地实施矿山修复和保育工程。

坝上高原山地区（主要包括河北省张家口市的北部和承德市的西北部）：控制区域土地沙漠化发展，改善草原质量，促进草原生态系统恢复，同时为区域提供优美的草原旅游景观和优质畜牧业产品等；合理引导人口和畜牧业布局，退耕退牧还草和禁牧限牧，减轻草原开发强度。

太行山山地和燕山山地是一些重要水库的汇水区域（包括北京市的延庆区、怀柔区、密云区、平谷区、门头沟区以及房山区和昌平区的大部分，天津市蓟县、宁河县两县的大部分区域，河北省张家口、承德的南部以及保定、石家庄、邢台、邯郸的西部），是重要的水源涵养和水土保持区。面对京津冀地区水资源紧缺的严峻形势，重点加强水源涵养功能维持，重点加强水土流失防治和天然植被保护，重点保护好森林资源和生物多样性，重点加强防护林建设。

（3）农产品环境安全保障区——农产品主产区

农产品环境安全保障区应按照"保障基本、安全发展"的原则，优先保护耕地土壤环境，预防产地环境中的有害物质进入食物产品。

严格保护耕地，稳定粮食生产，保障农产品供给，确保粮食安全和食品安全。加强土地整治，实施耕地质量提升工程，营造综合高效农田防护林网。鼓励开展土壤改良，实施沃土工程、有机肥施用工程、测土配方施肥工程等，稳步提高耕地基础地力和持续产出能力。

加强农业基础设施建设。加快农业科技进步和创新，提高农业物质技术装备水平。强化农业防灾减灾能力建设。发展现代农业，增加农民收入。加强水利设施建设。加快大中型灌区、排灌泵站配套改造及水源工程建设。鼓励和支持农民开展小型农田水利设施建设和小流域综合治理。

优化农业结构和布局。科学确定不同区域农业发展重点，调整农业生产结构和品种结构。优化农业布局，建设燕山优质玉米、太行山前优质专用小麦、环首都绿色有机蔬菜、黑龙港优质果品和棉花等特色产业区。集中力量建设一批基础条件好、生产水平高的粮食生产核心区，重点培育邯郸、石家庄、保定三个吨粮市和一批吨粮县。

控制开发强度。优化开发方式，发展循环农业，促进农业资源永续利用。鼓励和支持农产品、畜产品、水产品加工副产物的综合利用。引导和鼓励发展生态农业，保护水体和土壤质量，控制面源污染，严格控制污灌。结合农村新民居建设，减少农村居住用地。

（4）环境风险防范区——重点开发区

要加强环境管理与治理，大幅削减污染物排放量，改善环境质量，防范环境风险，改善人居环境，促进产业和人口集聚，推进新型工业化和城镇化进程。推行环首都圈绿色发展，推动冀中南地区聚集发展。优化城镇与产业布局，调整产业结构，积极发展替代产业和特色产业。严格控制建设规模，加强绿地的连通性，将区域开敞空间与城市绿地系统有机结合起来。

（5）环境优化区——优化开发区

要加大污染防治力度，全面改善环境质量，防范环境风险，实施更严格的环保准入标准，倒逼产业转型升级，率先转变经济发展方式，引导城市集约紧凑、绿色低碳发展，提高资源集约化利用水平。推进京津唐区域优化发展，推动沿海地区率先发展。严格控制城市人口规模，编制城市环境总体规划，明确城市环境功能分区，科学规划生态保护空间，确立城市生态红线，促进形成有利于污染控制和降低居民健康风险的城市空间格局。

在重点开发区和优化开发区，要明确水、大气、土壤等污染防控重点区域，严控环境风险，引导人口分布和城镇、产业布局与区域环境功能要求相适应。区内一般城镇和工业区环境空气质量执行《环境空气质量标准》（GB 3095—2012）二级标准。地表水环境达到《地表水环境质量标准》相关要求，集中式生活饮用水地表水水源地一级保护区应达到Ⅱ类标准及补充和特定项目要求，集中式生活饮用水地表水水源地二级保护区及准保护区应达到Ⅲ类标准及补充和特定项目要求，工业用水应达到Ⅳ类标准，景观用水应达到Ⅴ类标准，纳污水体要求不影响下游水体功能，地下水达到《地下水质量标准》相关要求。土壤环境达到《土壤环境质量标准》和土壤环境风险评估规范确定的目标要求，加强城镇辐射环境质量监督管理。

第 4 章

区域生态环境红线研究

随着人口增长和工业化进程加快，人类对环境的干扰和影响急剧增大。进行生态系统可持续管理、构建区域生态安全格局已成为当前研究的热点、重点和难点。生态保护红线正是为维护国家或区域生态安全和可持续发展而划定的需要实施特殊保护的区域。国家生态保护红线体系是在分区环境管控的基础上实现生态功能提升、环境质量改善和资源永续利用的根本保障，是加快生态文明制度建设的重要战略，近年来得到国家高度重视。2011 年，《国务院关于加强环境保护重点工作的意见》和《国家环境保护"十二五"规划》都明确提出要划定生态红线，制定不同区域的环境目标、政策和环境标准，实行分类指导和分区管理；2013 年 5 月，习近平总书记在主持中央政治局第六次集体学习时强调"要牢固树立生态红线的观念"。2014 年，新《环境保护法》首次将生态保护红线写入法律。划定生态保护红线能够对京津冀地区的生态空间保护和管控进一步细化，从根本上预防和控制不合理的开发建设活动对生态系统功能和结构的破坏，从而为构建区域生态安全格局、优化区域空间开发结构、实现区域协同发展提供制度支撑和科学依据。

4.1 区域生态保护红线

4.1.1 生态保护红线的内涵

生态保护红线的实质是生态环境安全和人居环境健康保障的底线，目的是建立最为严格的生态保护制度，对生态功能保障、环境质量安全和自然资源利用等方面提出更高的监管要求，从而促进人口资源环境相均衡、经济社会生态效益相统一。具体来说，生态保护红线可划分为生态功能保障基线、环境质量安全底线、自然资源利用上限。2014年 4 月通过的新《环境保护法》第二十九条要求，国家在重点生态功能区、生态环境敏感区和脆弱区等区域划定生态保护红线，实行严格保护。根据《环境保护法》和京津冀地区最严峻的生态环境形势，京津冀地区应率先实施生态保护红线制度。

生态功能保障基线（简称生态功能红线）指对维护自然生态系统服务，保障国家和区域生态安全具有关键作用，在重要生态功能区、生态敏感区、生态脆弱区等区域划定的最小生态保护空间，包括禁止开发区生态红线、重要生态功能区生态红线和生态环境敏感区、脆弱区生态红线。纳入的区域，禁止进行工业化和城镇化开发，从而有效保护我国珍稀、濒危并具代表性的动、植物物种及生态系统，维护我国重要生态系统的主导功能。禁止开发区红线范围可包括自然保护区、森林公园、风景名胜区、世界文化自然遗产、地质公园等。自然保护区应全部纳入生态保护红线的管控范围，明确其空间分布界线。其他类型的禁止开发区根据其生态保护的重要性，通过生态系统服务重要性评价结果确定是否纳入生态保护红线的管控范围。重要生态功能区红线划定范围可包括《全国生态功能区划》中规定的包括水源涵养、土壤保持、防风固沙、生物多样性保护和洪水调蓄等重要生态功能区。通过生态服务功能重要性评价，将重要性等级高、人为干扰小的核心区域划定在重要生态功能区红线范围内。重要生态功能区红线的划定，既可保护生态系统中供给生态服务的关键区域，也能够从根本上解决资源开发与生态保护之间的矛盾。生态敏感区、脆弱区红线划定范围可主要包括生态系统结构稳定性较差、对环境变化反应相对敏感、容易受到外界干扰而发生退化、自然灾害多发的生态敏感和脆弱地区。通过对区域生态环境敏感性进行等级划分，将敏感性等级高、人为干扰强烈的核心区域划定为生态保护红线的管控范围。生态环境敏感区、脆弱区红线划定后，将为人居环境安全提供生态保障，为协调区域生态保护与生态建设提供重要支撑。

4.1.2　生态保护红线的特点

生态保护红线具有系统完整性、强制约束性、协同增效性、动态平衡性、操作可达性等特征。系统完整性是指生态保护红线的划定、遵守与监管需要在国家层面统筹考虑，有序实施；强制约束性要求生态保护红线一旦划定，必须制定严格的管理措施与环境准入制度，增强约束力；协同增效性要求红线划定与重大区划规划相协调，与经济社会发展需求和当前监管能力相适应，与生态保护现状以及管理制度有机结合，增强保护效果；动态平衡性是指在保证空间数量不减少、保护性质不改变、生态功能不退化、管理要求不降低的情况下可以对生态保护红线进行适当调整，从而更好地使生态保护与经济社会发展形势相统一；操作可达性要求设定的红线目标具备可实现性、配套的管理制度和政策具有可操作性。

4.1.3　生态功能评价与红线区识别

4.1.3.1　重要生态功能区红线划定

重要生态功能区是指在涵养水源、保持水土、防风固沙、调蓄洪水、保护生物多样性等方面具有重要作用，关系到国家和区域生态安全的地域空间。根据不同类型重要生态功能区的主要服务功能，开展生态系统服务重要性评价与等级划分，将重要性等级较高的区域划为生态功能红线。

根据《国家生态保护红线——生态功能红线划定技术指南》（试行）针对重要生态功能区的主要生态功能，开展生态系统服务重要性评价，评价内容包括土壤保持、水源涵养、生物多样性保护、洪水调蓄、防风固沙等（图4-1）。

将主要生态系统服务做叠加处理，得到生态系统服务总值，采用分位数功能进行5个级别分类操作，按照生态系统服务总值将重要性由低到高一次划分为5个重要性级别，即一般重要、较重要、中等重要、高度重要和极重要。

将高度重要和极重要区域划定为生态功能区红线范围，如图4-2所示。

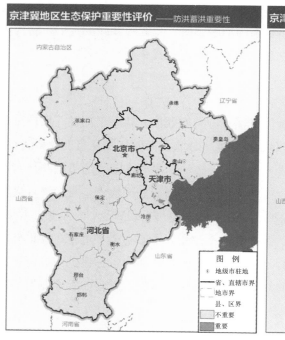
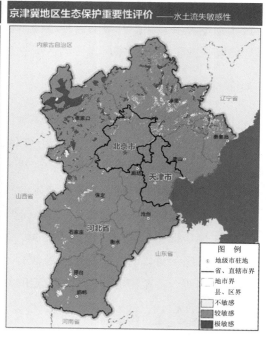

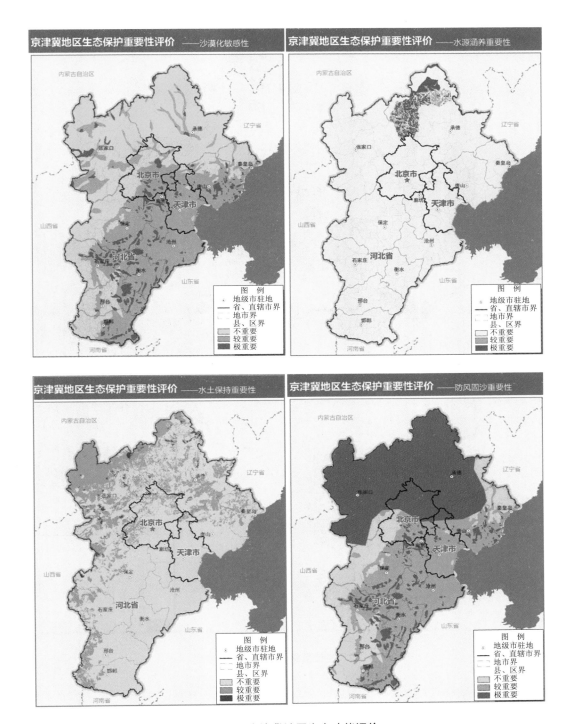

图 4-1　京津冀地区生态功能评价

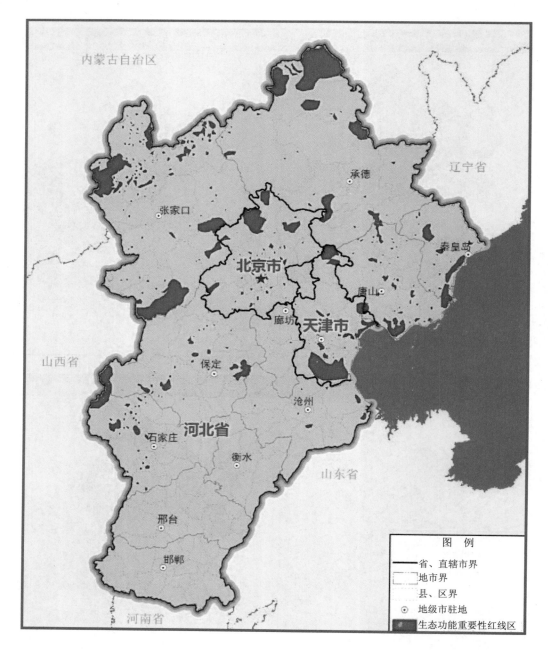

图 4-2 京津冀重要生态功能区红线

4.1.3.2 生态敏感区和生态脆弱区红线划定

生态敏感区是指对外界干扰和环境变化反应敏感、易发生生态退化的区域。生态脆弱区是指生态系统组成结构稳定性较差，抵抗外在干扰和维持自身稳定的能力较弱，易于发生生态退化且自我修复能力较弱、恢复时间较长的区域。

针对区域生态敏感性特征，开展生态敏感性评价与等级划分。根据《国家生态保护红线——生态功能红线划定技术指南》（试行），开展沙漠化敏感性分级、土壤侵蚀敏感性分级、石漠化敏感性和土壤盐渍化敏感性分级数据，根据沙漠化、土壤侵蚀、石漠化和土壤盐渍化敏感性分级标准，实现生态环境问题敏感性单因子分级。对分级的生态环境问题单因子图进行复合，判断敏感生态系统出现的生态系统敏感类型是单一型还是复合型生态系统敏感类型。对单一型生态系统敏感类型区域，根据其生态环境问题敏感性程度确定生态系统敏感性程度；对复合型生态系统敏感类型，采用最大限制因素法确定影响生态系统敏感性的主导因素，根据主导因素的生态环境问题敏感性程度确定生态系统敏感性程度。根据生态系统敏感性程度分析结果，确定区域生态系统敏感性，生态系统敏感性程度划分为极敏感、高度敏感、中度敏感、轻度敏感和不敏感五级。

将不同类型生态敏感性评价结果为极敏感区域和高度敏感区域划为生态敏感区红线。将不同类型生态脆弱性评价结果为极脆弱区域和高度脆弱区域划为生态脆弱区红线。

4.1.3.3　禁止开发区红线划定

根据生态保护重要性及内部空间差异性，各类禁止开发区按照以下原则划定生态功能红线。

国家级、省级自然保护区核心区和缓冲区全部纳入生态功能红线；跨省的饮用水水源一级保护区全部纳入生态功能红线；处于生态功能红线划定范围内的其他类型禁止开发区，根据生态保护重要性评价结果划定生态功能红线。

4.1.4　生态功能红线结果确定

采用地理信息系统空间分析技术，在统一的空间参照系统下，对划定的重要生态功能区、生态敏感区、脆弱区以及禁止开发区保护红线进行空间叠加与综合分析，形成包括各类生态功能红线的空间分布区。在高分辨率遥感解析的基础上，通过实地调查，对生态功能红线区进行地面勘界，按照以下原则进一步确定生态功能红线的实际界线：与区域生态保护规划和土地利用规划相协调；尽可能保持生态系统完整性与类型相似性；尽可能保持景观连通性；兼顾主导生态功能与综合生态功能；结合山脉、河流、地貌单元、植被等要素保持自然地理边界。按照以上原则，确定的京津冀区域生态保护红线如表 4-1、图 4-3 所示。

表 4-1　京津冀三省市各类生态红线区面积及占比

生态保护红线		生态功能重要性红线区	生态环境敏感性红线区	生态环境脆弱性红线区	合计
北京	面积/km²	2 123	2 097	170	4 390
	占比/%	12.9	12.8	1.0	26.8
天津	面积/km²	1 312	60	15	1 387
	占比/%	11.0	0.5	0.1	11.6
石家庄	面积/km²	1 480	2 252	12	3 744
	占比/%	7.3	11.1	0.1	18.5
保定	面积/km²	2 298	2 149	68	4 515
	占比/%	10.4	9.7	0.3	20.4
沧州	面积/km²	208	0	0	208
	占比/%	1.6	0.0	0.0	1.6
承德	面积/km²	3 887	8 896	1 288	14 071
	占比/%	9.8	22.5	3.3	35.6
邯郸	面积/km²	477	1 070	20	1 567
	占比/%	3.9	8.9	0.2	13.0
衡水	面积/km²	218	0	0	218
	占比/%	2.5	0.0	0.0	2.5
廊坊	面积/km²	262	6	0	268
	占比/%	4.0	0.1	0.0	4.1
秦皇岛	面积/km²	1 836	2 233	0	4 069
	占比/%	23.5	28.6	0.0	52.1
唐山	面积/km²	1 340	502	0	1 842
	占比/%	9.9	3.7	0.0	13.7
邢台	面积/km²	286	705	540	1 531
	占比/%	2.3	5.6	4.3	12.3
张家口	面积/km²	3 078	5 357	4 245	12 680
	占比/%	8.4	14.5	11.5	34.4
京津冀	面积/km²	18 805	25 327	6 358	50 490
	占比/%	8.7	11.7	2.9	23.4

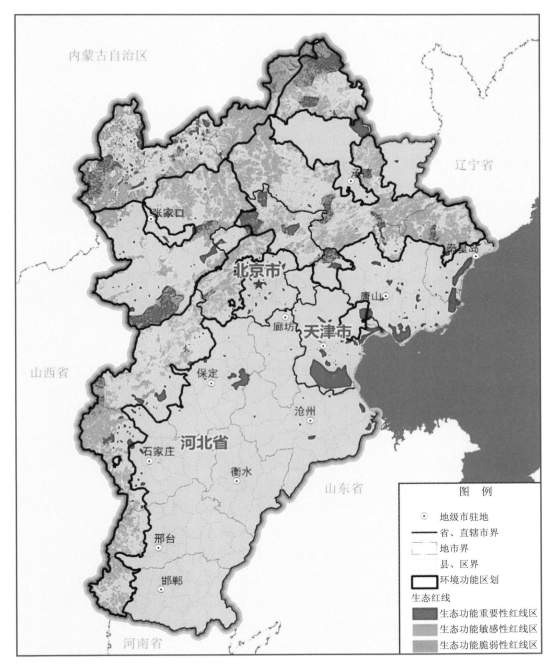

图 4-3　京津冀生态保护红线划定研究结果

4.1.5　生态保护红线区管控对策

4.1.5.1　生态保护红线分类型管控对策

（1）生态功能重要性红线

生态功能重要性红线包括水源涵养、水土保持、防风固沙、防洪蓄洪等生态服务功能极重要的区域，以及各级自然保护区、风景名胜区、森林公园、自然文化遗产、水源保护地等。保护和管控任务在于加大区域自然生态系统的保护和恢复力度，恢复和维护区域生态功能。

（2）生态环境敏感性红线

生态环境敏感性红线包括水土流失极敏感区、沙漠化极敏感区、重要的湿地区域、地质不稳定区域、生物迁徙洄游通道与产卵索饵繁殖区等。如北京市密云县、怀柔区、大兴区、房山区、通州区以及城市核心区的重要水源涵养地和沙漠化极敏感区，天津市、河北省零碎分布的重要湿地区、水土流失极敏感区、地质不稳定区等。这部分区域对人类活动极其敏感，轻微的人类干扰也会导致这些区域的生态状况发生难以预测的变化，因此需要对划定为生态环境敏感性红线区进行重点保护和禁止开发。保护和管控任务在于加强生态保育，控制生态退化，增强生态系统的抗干扰能力。

（3）生态环境脆弱性红线

生态环境脆弱性红线是指在两种不同类型生态系统的交界过渡区域，有选择地划定一定面积作为生态红线，这部分区域生态系统抗干扰能力弱、对气候变化极其敏感。京津冀生态环境脆弱性红线区范围涉及坝上农牧交错生态脆弱区（主要分布于河北省张家口、承德两市北部）、燕山山地交错生态脆弱区（主要分布于天津蓟县）和沿海水陆交接带生态脆弱区（主要分布于天津、秦皇岛、唐山的滨海区域）。保护和管控任务在于维护区域生态系统的完整性，保持生态系统过程的连续性，改善生态系统服务功能，促进脆弱区资源环境协调发展。在坝上农牧交错生态脆弱红线区和燕山山地林草交错生态脆弱红线区内，实施退耕还林还草工程，加强退化草场的改良和建设。在沿海水陆交接带生态脆弱红线区内，加强滨海生态防护工程建设，构建近海海岸复合植被防护体系，严控开发强度。

4.1.5.2　生态功能红线分区管控对策

生态功能红线主要分布于重点生态功能区域，各重点生态功能红线区主要生态环境问题与管控对策如表 4-2 所示。

表 4-2　分区生态功能红线主要问题与管控对策

生态功能红线区域	空间范围与主要问题	管控对策
坝上高原风沙防治区红线	将坝上沙化较严重的地区划分为生态红线。这部分区域抗干扰能力弱，对气候变化极其敏感，容易受风蚀、水蚀和人为活动的强烈影响。目前面临着草地退化、土地沙化和盐碱化、风沙活动、水土流失、干旱及沙尘暴天气频发等问题	保护和管控的重点任务在于改善生态系统服务功能，促进资源环境协调发展。应实施退耕还林还草工程，加强退化草场的改良和建设
太行山山地水源涵养与水土保持区红线	将太行山山地向华北平原过渡的山前断层地带划分为生态红线，该区域地形陡峭破碎，土层薄，生态环境脆弱，自然条件较恶劣。面临地质灾害频发以及水土流失、矿山环境污染、生物多样性降低、森林生态系统结构不稳定等问题	加强生态保育，控制生态退化，增强生态系统的抗干扰能力，加强退耕还林还草和森林抚育保护，禁止在高坡度区域进行开垦活动。减轻水土流失，提高森林生态系统的稳定性，防止因应力变化而引发地质灾害。加强对采矿区的管理工作，严格控制和合理规划开山采石，控制矿产资源开发对生态的影响和破坏
燕山山地水源涵养与水土保持区红线	将永定河上游间山盆地区中与坝上区域、燕山山地交错的地带以及燕山山地向华北平原过渡的山前断层地带划分为生态红线。生态系统敏感，目前面临着土地沙化程度加剧、土壤侵蚀和水库泥沙淤积严重、地质灾害频发以及水土流失、矿山环境污染、生物多样性降低、森林生态系统结构不稳定等问题	维持和提升水源涵养与水土保持功能。通过封山育林、退耕还林等措施提高丘陵地区植被覆盖率。开展山坡防护和山沟治理工程，减轻水土流失。加强水库流域林灌草生态系统保护的力度，优化土地利用，提高林草覆盖率，通过自然修复和人工抚育措施，加快生态系统保水保土功能的提高，减少水土流失和土地沙化

4.2　区域水环境保护红线

以饮用水涵养保护优先、地下水恢复修养、城市水治理、跨界水协调和渤海近海环境改善为总体思路，遵从水环境质量红线保护一级区和二级区分级环境保护控制措施，优化水环境经济发展空间。

以区域内 248 个水（环境）功能区划分与 17 个县级以上地表水饮用水水源取水口位置为依据，将其中水（环境）功能区中饮用水水源功能所在的基本控制单元划分为水环境红线保护一级区，水（环境）功能区中包含景观、工农业用水及排污控制功能所在的基本控制单元划分为水环境红线二级区。对红线保护一级区和二级区实施差别化的环境管理控制政策。

4.2.1 水环境质量红线划定方法

1）以地表集水区为分区基本单元实施红线保护管理：京津冀国土面积约21.6万 km²，按地形划分为 3 381 个子流域，每个子流域作为一个水环境红线分级单元。

2）饮用水水源地优先保护：对于水功能区及水环境功能区（优先考虑水功能区，水功能区没有覆盖区域以水环境功能区为依据）中的饮用水水源地功能的地表水体所在集水区划定为水环境红线保护区。包含了一级和二级饮用水保护区（一级保护区指取水口外半径 300 m 范围的水域和取水口侧正常水位线以上 200 m 的陆域；二级保护区指取水口外全部库区水域及入库河流上溯 3 000 m 的水域和水库周边山脊线以内及入库河流上溯 3 000 m 的汇水区域）；京津冀地区县级以上 17 个以地表水体为集中式饮用水水源地所在的小流域全部划为红线区，与上面功能区划有部分重叠。

3）除地表饮用水水源地外的其他小流域，尤其是地表无径流，且密集分布了大量的地下水水源地的平原地区，划分为红线二级区。

将北京、天津、河北（包含石家庄、唐山、秦皇岛、邯郸、邢台、保定、张家口、承德、沧州、廊坊、衡水 11 个地级市）两市一省 21.6 万 km² 国土所在的海河流域和内流区，按照地形特征（1∶25 万 DEM）划分为 3 381 个集水区，其中海河流域 3 184 个集水区、内流区等其他非海河流域 197 个集水区（涉及河北的张家口市西北部和承德市东北部），以区域内 248 个水（环境）功能区划分的水上分布范围与 17 个县界以上饮用水水源保护取水口位置为依据，按照"以水定陆"的基本原则将 3 381 个集水区划定为以饮用水保护为主的红线保护区。

4.2.2 水环境质量红线结果

按照上述原则和方法划分的京津冀地区水环境红线一级区控制单元 558 个，各单元所在水（环境）功能区、河流、地市、水质目标及面积等属性见附表（本书第 132 页），范围如图 4-4 所示。两市一省水环境红线大多分布在京津冀上游山区地带，如表 4-3 所示，红线一级区面积为 2.88 万 km²，占区域总面积的 13.37%，其中北京红线面积比例为 37.20%，河北红线面积比例为 11.51%，天津红线面积比例为 9.57%。

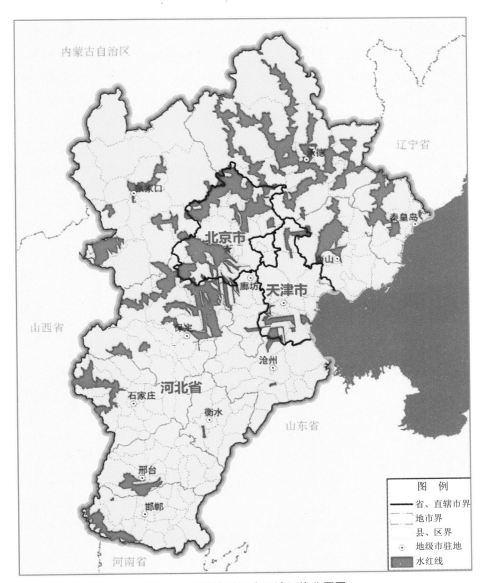

图 4-4　京津冀地区水环境红线分区图

表 4-3　京津冀地区水环境红线一级区面积

省　市	地区面积/ 万 km²	红线面积/ 万 km²	面积比例/ %
河　北	18.76	2.16	11.51
北　京	1.64	0.61	37.20
天　津	1.15	0.11	9.57
合　计	21.54	2.88	13.37

一级区控制单元对于京津冀地区的饮用水安全至关重要，它们大多数分布在京津冀上游山区地带，包括永定河上游的桑干河、洋河、清水和壶流河水源涵养区和官厅水库；太行山区的小清河、拒马河、易水、漕河、大沙河、磁河、滹沱河、绵河等诸多海河支流的发源地及下游的安各庄水库、王快水库、横山岭水库、岗南水库、黄壁庄水库、岳城水库等丰富的大中型水库资源；燕山山地水源涵养与水土保持区及下游密云、潘家口和于桥三大水库，还包含天津备用水源地北大港水库、河北沧州大浪淀水库、河北衡水的衡水湖、邢台朱庄水库等平原区地表水饮用水水源地。2015 年海河流域水质分布如图 4-5 所示。

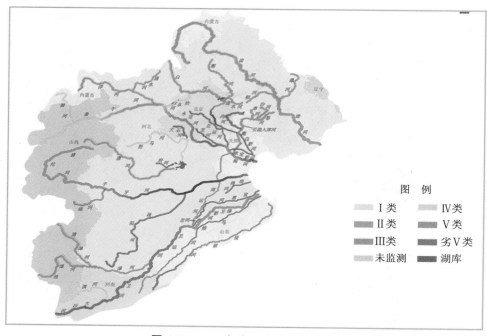

图 4-5　2015 年海河流域水质分布

资料来源：《2015 年中国环境状况公报》。

4.2.3　水环境质量红线分级管控

（1）水环境红线一级区

➤　对水环境资源实行最严格的保护，对控制单元所在流域水污染物实行总量减排，现有工业废水及生活污水排放口应限期责令关闭，禁止新建排污口。

➤　禁止向水体排放船舶废水。

➤　积极发展生态绿色农业，开展农业面源污染物减排，禁止建设养殖项目。

➤　发展农业循环经济，开展农业、生活废水中水回用，农业生产生活区实行用水梯级循环，逐步实现零废水排放。

> 禁止建设矿山开采等水生态环境破坏严重的项目，现有对水生态造成破坏的矿山开采项目应责令关停，并通过生态修复恢复原有水生态环境。

> 集中式饮用水水源一级保护区禁止新建、改建、扩建与供水设施和保护水源无关的建设项目，已建成的与供水设施和保护水源无关的建设项目，应责令拆除或者关闭。

> 集中式饮用水水源地二级保护区内禁止新建、改建、扩建排放污染物的建设项目，已建成的排放污染物的建设项目，应责令拆除或者关闭。

> 禁止开展网箱养殖、游泳、垂钓等其他污染水体的活动。

（2）水环境红线二级区

> 对水环境资源限制开发，控制单元所在流域水污染物实行总量限排，对污水处理厂等重点废水污染源实行严格的管控。

> 水质现状超标流域实行超标水污染物总量减排，并通过水生生态修复恢复水生态环境。

> 无环境容量的流域实行流域或区域限批。

> 工业园区应积极发展循环经济，开展清洁生产，中水回用，实行用水梯级循环，不断降低废水污染物排放量；通过能耗、水耗、排污、效益审计优化园区产业结构，淘汰废水污染物排放量大的落后产能。

> 禁止向水体排放船舶废水。

> 发展生态绿色农业，限制建设养殖项目，严格控制农业面源污染。

> 发展农业循环经济，开展农业、生活废水中水回用，农业生产生活区逐步实行用水梯级循环。

> 限制矿山开采等水生态环境破坏较严重的项目，现有对水生态造成严重破坏的矿山开采项目应责令关停，并通过生态修复恢复原有水生态环境。

> 禁止开展不符合水环境功能区划要求的开发建设活动。

> 限制网箱养殖、游泳、垂钓等其他可能污染水体的活动。

> 城镇倡导低碳生活方式，降低人均生活污水产生量。

建立京津冀区域水资源总量、水环境质量、水污染物总量控制和生态用水红线管控制度。如表 4-4 所示，到 2020 年，京津冀区域用水总量控制在 339.76 亿 m³，全面消除劣 V 类水体，现状水质较好水体持续改善，各断面均达到环境质量目标要求。与 2013 年相比，COD 削减 10.41%，氨氮削减 11.89%。

表 4-4　2020 年京津冀地区水环境红线控制要求

城市	用水总量目标/亿 m³	环境质量目标	污染物削减目标	
			COD 削减率/%	氨氮削减率/%
北京	48.73	密云水库：Ⅱ；潮白河（苏庄桥）：Ⅳ；北运河（榆林庄）：Ⅳ；妫水河（谷家营）：Ⅱ；拒马河（张坊）：Ⅲ；大石河（祖村）：Ⅳ；沟河（东店）：Ⅳ	10.14	10.41
天津	31.41	引滦天津段（于桥水库出口）：Ⅱ；海河（三岔口）：Ⅴ；永定新河（塘汉公路大桥）：Ⅴ；独流减河（工农兵防潮闸）：Ⅴ	8.92	10.55
秦皇岛	14.94	青龙河：Ⅱ；洋河（洋河口）：Ⅴ	10.26	11.18
张家口	10.86	闪电河：Ⅱ；白河（后城）：Ⅲ；桑干河（温泉屯）：Ⅲ；洋河（八号桥）：Ⅲ；清水河（老鸦庄）：Ⅴ；赵家蓬河：Ⅱ	6.20	6.48
唐山	37.21	陡河（涧河口）：Ⅴ；淋河（淋河桥）：Ⅲ；沙河（沙河桥）：Ⅲ；黎河（黎河桥）：Ⅲ；大黑汀水库（滦河）：Ⅱ	11.17	13.16
承德	12.77	滦河［大杖子（一）］：Ⅲ；柳河［大杖子（二）］：Ⅲ；潮河（古北口）：Ⅱ	11.02	12.06
廊坊	23.43	永定河（来家庄）：Ⅲ；龙河（大王务）：Ⅴ；北运河（土门楼）：Ⅴ；大清河（台头）：Ⅴ	9.88	11.59
石家庄	37.20	磁河：Ⅲ；滹沱河（下槐镇）：Ⅲ；绵河—冶河（地都）：Ⅳ；石津总干渠（南张村）：Ⅳ	13.29	15.31
保定	44.34	拒马河（大沙地）：Ⅱ；府河（安州）：Ⅴ；白洋淀（枣林庄）：Ⅲ	9.92	14.18
沧州	13.58	黑龙港河：Ⅳ；子牙新河（阎辛庄）：Ⅴ；清凉江（杨二庄）：Ⅲ；南运河（青县桥）：Ⅲ	11.85	12.28
邯郸	26.74	北洛河：Ⅳ；滏阳河（曲周）：Ⅴ；浊漳河（岳城水库出口）：Ⅱ；卫河（北馆陶）：Ⅴ；马颊河（任堂桥）：Ⅳ	9.30	10.90
邢台	24.99	南澧河：Ⅱ；滏阳河（艾辛庄）：Ⅴ；卫河（临清）：Ⅴ	11.19	11.62
衡水	13.58	滏阳河（小范桥）：Ⅴ；江江河：Ⅲ	11.41	13.08
合计	339.76		10.41	11.89

　　如表 4-5、表 4-6 所示，按"一河一量"和"一湖一位"原则，各河段生态水量占天然径流比例控制在 10%～15%，主要湖库生态水位维持过去 10 年的平均水位。京津冀海河流域保证入海生态用水 12 亿 t/a。

表 4-5　京津冀山区河流规划生态水量

河系	所在河流	控制站	多年平均天然径流量/（亿 m³/a）	规划生态水量/（亿 m³/a）	占多年平均天然径流比例/%
滦河	闪电河	白城子	0.47	0.14	30
滦河	滦河	三道河子	6.55	1.31	20
北三河	沙河	水平口	2.13	0.43	20
北三河	白河	张家坟	5.12	0.77	15
北三河	潮河	戴营	2.86	0.57	20
永定河	二道河	兴和	0.66	0.13	20
永定河	桑干河	固定桥	5.32	0.80	15
永定河	洋河	响水堡	5.48	0.82	15
大清河	拒马河	紫荆关	2.41	0.72	30
大清河	唐河	城头会	1.14	0.34	30
子牙河	滹沱河	南庄	7.36	1.10	15

表 4-6　京津冀平原河流规划生态水量

河系	河流名称	规划河段	最小生态水量/（亿 m³/a）	入海水量/（亿 m³/a）	沿海诸河入海水量/（亿 m³/a）
滦河	滦河	大黑汀水库—河口	4.21	4.21	0.32
	陡河	陡河水库—河口	1.02	1.02	
北三河	蓟运河	九王庄—新防潮闸	0.95	0.85	1.30
	潮白河	苏庄—宁车沽	1.38	0.70	
	北运河	通州—子北汇流口	1.53	1.00	
永定河	永定河	卢沟桥—屈家店	1.42	—	
	永定新河	屈家店—河口	0.68	1.10	
大清河	白沟河	东茨村—新盖房	0.68	1.24	—
	南拒马河	张坊—新盖房	0.35		
	潴龙河	北郭村—白洋淀	0.50		
	唐河	西大洋—白洋淀	0.68		
	独流减河	进洪闸—防潮闸	1.24		
海河	海河干流	子北汇流口—海河闸	0.60	0.60	
子牙河	滹沱河	黄壁庄水库—献县	1.00	—	0.21
	滏阳河	京广铁路桥—献县	0.73	—	
	子牙河	献县—第六堡	0.96	0.96	

4.3 区域大气环境保护红线

（1）划分大气环境红线区

依据京津冀地区地理特征、大气污染程度和大气污染物输送规律，将京津冀地区大气污染控制划分为大气环境红线区和一般控制区（图4-6），实施差异化的控制措施，制定有针对性的大气环境管理策略。其中，大气环境红线区包括北京市、天津市、石家庄市、邢台市、邯郸市、保定市、衡水市、唐山市、廊坊市、沧州市和秦皇岛市；一般控制区包括目前大气环境质量相对较好的张家口市、承德市。

图 4-6　京津冀大气环境控制分区图

（2）实施大气分区分级控制

整个京津冀地区作为全国大气污染最严重、空气质量最差的地区，应采取最为严格的大气污染防治措施。整个区域禁止新建除热电联产以外的燃煤电厂、钢铁、建材、焦化、有色、石化、化工等高污染项目；新建项目实行市域内现役排放源需 2 倍削减量替代，且必须满足大气污染物排放标准中特别排放限值要求或执行更严格的地方排放标准；各设区市和直管县（市）城市建成区全部禁止新建燃煤锅炉。整个京津冀地区提前实施国 V 阶段机动车和油品标准。

大气环境红线区，除满足上述要求外，禁止新建配套自备燃煤电站，禁止新建工业燃煤锅炉，建成区禁止新建燃煤供热锅炉；北京市、天津市新增轻型汽油车必须达到第五阶段机动车排放标准。其中，北京市城六区、天津市中心城区和滨海新区建成区禁止原煤散烧，改用天然气、液化石油气、电或者其他清洁能源，现有污染企业应逐步改造、搬迁或淘汰，逐步实现"零燃煤"工业。

（3）大气环境红线控制要求

如表 4-7 所示，到 2017 年、2020 年和 2030 年，京津冀地区 $PM_{2.5}$ 年均质量浓度应控制在 75 μg/m³、64 μg/m³ 和 35 μg/m³ 左右，SO_2、NO_x、工业烟粉尘排放量与 2013 年相比分别削减 34%、45%、72% 左右，VOCs 排放量削减 11%、15%、29% 左右。

表 4-7　大气环境红线控制目标要求

目标年	指　标	京津冀地区	北京市	天津市	河北省
2017 年	$PM_{2.5}$ 年均浓度/（μg/m³）	75	60	72	77
	SO_2、NO_x、工业烟粉尘排放削减比例/%	34	38	30	34
	VOCs 排放削减比例/%	11	13	10	11
2020 年	$PM_{2.5}$ 年均浓度/（μg/m³）	64	51	61	66
	SO_2、NO_x、工业烟粉尘排放削减比例/%	45	48	41	44
	VOCs 排放削减比例/%	15	16	14	15
2030 年	$PM_{2.5}$ 年均浓度/（μg/m³）	35	29	34	35
	SO_2、NO_x、工业烟粉尘排放削减比例/%	72	72	70	73
	VOCs 排放削减比例/%	29	29	28	29

京津冀 13 个城市 2020 年 $PM_{2.5}$ 年均质量浓度控制红线确定如表 4-8 所示。

表 4-8 京津冀 13 个城市 $PM_{2.5}$ 年均质量浓度控制红线　　　　单位：$\mu g/m^3$

城市	2013 年	2015 年	2017 年	2020 年
北京市	89	77	60	54
天津市	96	86	72	60
石家庄市	154	134	103	90
唐山市	115	100	77	67
秦皇岛市	65	59	49	47
邯郸市	139	122	97	82
邢台市	160	141	112	94
保定市	135	117	90	79
张家口市	40	37	32	30
承德市	49	45	39	36
沧州市	102	92	77	62
廊坊市	110	95	74	64
衡水市	122	110	92	74
京津冀平均值	106	93	75	64

第5章

区域重点环境治理研究

当前京津冀区域环境形势十分严峻，是全国大气污染、水污染最严重的地区，是全国水资源最为短缺、地下水漏斗最大的地区，是全国资源环境与发展矛盾最尖锐的地区。实现京津冀协同发展应率先在区域大气污染防治、水污染防治、土壤和生态保护上实现突破，实现区域环境质量的大幅度改善。本章在《大气污染防治行动计划》《水污染防治行动计划》《土壤污染防治行动计划》的基础上，分别对区域水环境、大气环境、农村及土壤污染以及固体废物资源利用等提出具体治理措施以及区域协作重点内容，为区域环境治理提供决策支持和参考。

5.1 区域水安全保障措施研究

5.1.1 加强水资源节约

（1）强化用水总量管控

加强相关规划和项目建设布局水资源论证工作。对取用水总量已达到或超过控制指标的地区，暂停审批其建设项目新增取水许可。对纳入取水许可管理的单位和其他用水大户实行计划用水管理。新建、改建、扩建项目用水要达到行业先进水平，节水设施应与主体工程同时设计、同时施工、同时投运。建立重点监控用水单位名录。地下水实行取水总量和水位双控制。依法规范机井建设管理，排查登记已建机井，未经批准的和公共供水管网覆盖范围内的自备水井，一律予以关闭。实施土地整治、农业开发、扶贫等农业基础设施项目，不得以配套打井为条件。深层承压水原则上作为应急与战略储备水源，严格限制开采。南水北调中线受水区、地面沉降区、海水入侵区要编制实施地下水压采方案。开展地下水超采区综合治理，超采区内禁止工农业生产及服务业新增取用地下水。2016 年年底前，完成地下水禁采区、限采区和地面沉降控制区范围划定工作。2020年年底前，初步扭转水资源超采局面。

（2）着力提高用水效率

抓好工业节水。开展节水诊断、水平衡测试、用水效率评估，严格用水定额管理。到 2020 年，电力、钢铁、纺织、造纸、石油石化、化工、食品发酵等高耗水行业达到先进定额标准。万元工业增加值用水量比 2012 年降低 50% 以上。加强城镇节水。京津冀地区联合制定节水器具分级认定标准和重点节水产品推广目录。禁止生产、销售不符合节水标准的产品、设备。公共建筑必须采用节水器具，限期淘汰公共建筑中不符合节水标准的水嘴、便器水箱等生活用水器具。鼓励居民家庭选用节水器具。对使用超过 50 年和材质落后的供水管网进行更新改造。积极推行低影响开发建设模式，建设滞、渗、蓄、用、排相结合的雨水收集利用设施。新建城区硬化地面中，可渗透面积要达到 40% 以上。研究建立城市节水考核通报制度。到 2019 年，地级及以上缺水城市全部达到国家节水型城市标准要求。发展农业节水。调整种植结构，在京津冀中东部地区两季改种一季作物。试行退地减水，控制灌溉面积无序增长。完善田间基础设施，发展补充灌溉、水肥一体化和微水灌溉，大规模实施规模化节水灌溉增效示范工程。因地制宜实施雨水积蓄补灌措施。到 2020 年，大型灌区、重点中型灌区续建配套和节水改造任务基本完成，农田灌溉用水有效利用系数达到 0.73 以上。

（3）加强区域水循环利用

加强再生水循环利用。在污水处理厂建设中，要充分考虑污水再生利用要求，按照集中与分散相结合原则规划建设污水处理厂，并将再生水纳入区域水资源统一配置。工业生产、城市绿化、道路清扫、车辆冲洗、建筑施工以及生态景观等用水，要优先使用再生水。推进高速公路服务区污水处理和利用。具备使用再生水条件但未充分利用的钢铁、火电、化工、制浆造纸、印染等项目，不得批准其新增取水许可。自 2018 年起，单体建筑面积超过 2 万 m^2 的新建公共建筑，北京市 2 万 m^2、天津市 5 万 m^2、河北省 10 万 m^2 以上集中新建的保障性住房，应安装建筑中水设施。加强城镇生活污水再生后的农业安全回用。到 2020 年，京津冀区域缺水城市再生水利用率达到 30% 以上。

（4）有序推进海水淡化

通过海水淡化试点城市（工业园区、海岛），推进天津国投津能发电有限公司二期 30 万 m^3/d 和恩那社南港工业区一期 26 万 m^3/d 海水淡化项目等重点工程，促进城市用水优化、工业开发区水资源供给、海岛供水和近海城市调水结构优化。沿海钢铁、重化工等企业必须采用海水淡化，比例逐步达到 100%。大力推进曹妃甸大型海水淡化基地建设。通过天津国投津能发电有限公司海水淡化供水试点等项目，研究海水淡化水进入水源或市政供水系统的运行管理机制，安全性影响评价方法，以及水质调整、管网稳定性等相关技术规范，为海水淡化水进入市政供水系统提供支撑。

5.1.2　系统防治，全面提升水环境质量

（1）保障饮用水水源安全

以纳入《全国重要饮用水水源地名录》的饮用水水源地为重点，划定饮用水水源保护区，切实保障饮用水水源安全。从水源到水龙头全过程监管饮用水安全。各级地方人民政府及供水单位应定期监测、检测和评估本行政区域内饮用水水源、供水厂出水和用户水龙头水质等饮水安全状况，地级及以上城市自 2016 年起每季度向社会公开。自 2018 年起，所有县级及以上城市饮水安全状况信息都要向社会公开。依法清理饮用水水源保护区内违法建筑和排污口。单一水源供水的地级及以上城市应于 2020 年年底前基本完成备用水源或应急水源建设。有条件的城市实现不同类型水源联网供水。加强南水北调等大型调水工程水源和输水安全管理力度。加强农村和分散式饮用水水源保护，统筹解决农村居民饮水安全问题。防治地下水污染，石化生产存储销售企业和工业园区、矿山开采区、垃圾填埋场等区域应进行必要的防渗处理。加油站地下油罐应于 2017 年年底前全部更新为双层罐或完成防渗池设置。报废矿井、钻井、取水井应实施封井回填。公布环境风险大、严重影响公众健康的地下水污染场地清单开展修复试点。

专栏 5-1　京津冀饮用水水源地名录

（1）列入《全国重要饮用水水源地名录》水源地

密云—怀柔水库、潘家口—大黑汀水库、岳城水库、于桥—尔王庄水库、岗南水库、西大洋水库、大浪淀水库、桃林口—洋河—石河水库 8 处地表水水源地；北京北四河平原、邯郸市羊角铺、滹沱河、唐山市滦河及冀东沿海 4 处地下水水源地。

（2）其他地表水水源地

官厅水库、东武仕水库、黄壁庄水库、陡河水库、杨庄水库、窟窿山水库、杨埕水库、上关水库、四里岩水库、衡水湖、张坊引水工程 11 处地表水水源地。

（3）其他地下水水源地

北京：密云西田各庄、杨庄水厂和摇不动地下水水源地等 10 处。天津：武清北、蓟县城关和宁河北 3 处。河北：安国城区、丰南和曹妃甸区增家湾水源地等 141 处。

（2）加强水质较好水体的保护

以潮河（古北口断面）、拒马河（大沙地断面、张坊断面）、永定河（沿河城断面）、引滦入津河（于桥水库出口断面）、黎河（黎河桥断面）、淋河（淋河桥断面）、沙河（沙河桥断面）、果河（果河桥断面）、滹沱河（下槐镇断面）、柳河［大杖子（二）断面］、

瀑河（大桑园断面）、清水河（墙子路断面、老鸦庄断面）、清漳河（刘家庄断面）、漳河（岳城水库出口断面）、白河（后城断面）、桑干河（温泉屯断面）、洋河（左卫桥断面）、滦河［大杖子（一）断面、大黑汀水库断面］以及密云水库、于桥水库等现状水质达到或优于Ⅲ类的江河湖库为重点，开展生态环境安全评估，制订生态环境保护方案。滦河流域于 2017 年年底前完成。

（3）强化污染源综合防治

深入推进工业污染防治。2016 年年底前，全部取缔不符合国家产业政策的小型造纸、制革、印染、染料、炼焦、炼硫、炼砷、炼油、电镀、农药等严重污染水环境的生产项目。对造纸、焦化、氮肥、有色金属、印染、农副食品加工、原料药制造、制革、农药、电镀等行业开展专项整治，实施清洁化改造。2017 年年底前，造纸行业力争完成纸浆无元素氯漂白改造或采取其他低污染制浆技术，钢铁企业焦炉完成干熄焦技术改造，氮肥行业尿素生产完成工艺冷凝液水解解析技术改造，印染行业实施低排水染整工艺改造，制药（抗生素、维生素）行业实施绿色酶法生产技术改造，制革行业实施铬减量化和封闭循环利用技术改造。企业要向依法合规设立、环保设施齐全的工业集聚区集中。2016 年年底前，工业集聚区应按规定建成污水集中处理设施，并安装自动在线监控装置；逾期未完成的，一律暂停审批或核准其增加水污染物排放的建设项目，并依照有关规定撤销其园区资格。

全面提升城乡污染治理水平。着力抓好污水收集管网特别是支线管网建设，全面封堵违法排污口，推进城中村、老旧城区和城乡接合部污水截流、收集。到 2017 年，北京市、天津市、石家庄市建成区污水基本实现全收集、全处理，其他地级城市建成区于 2020 年年底前基本实现。到 2019 年，所有县城和重点镇具备污水收集处理能力，县城、城市污水处理率分别达到 85%、95% 左右。敏感区域（重点湖泊、重点水库、近岸海域汇水区域）城镇污水处理设施应于 2017 年年底前全面达到《城镇污水处理厂污染物排放标准》一级 A 排放标准。建成区水体水质达不到地表水Ⅳ类标准的城市，新建城镇污水处理设施要执行一级 A 排放标准。污水处理设施产生的污泥应进行稳定化、无害化和资源化处理处置，禁止处理处置不达标的污泥进入耕地。非法污泥堆放点一律予以取缔。现有污泥处理处置设施应于 2017 年年底前基本完成达标改造，地级及以上城市污泥无害化处理处置率应于 2020 年年底前达到 90% 以上。以县级行政区域为单元，实行农村污水处理统一规划、统一建设、统一管理，有条件的地区积极推进城镇污水处理设施和服务向农村延伸。

推进农业污染防治。科学划定畜禽养殖禁养区，2016 年年底前，依法关闭或搬迁禁养区内的畜禽养殖场（小区）和养殖专业户。从 2016 年起，新建、改建、扩建规模化畜禽养殖场（小区）要实施雨污分流、粪便污水资源化利用。优先种植需肥需药量低、环境效益突出的农作物。实行测土配方施肥，推广精准施肥技术和机具。推广低毒、低残留农药使用补助试点经验，开展农作物病虫害绿色防控和统防统治。到 2019 年，测土配方施肥技术推广覆盖率达到 90%以上，化肥利用率提高到 40%以上，农作物病虫害统防统治覆盖率达到 40%以上。

加强优控污染物环境监管。开展有毒有害污染物监测筛查工作，逐步建立优先控制物质清单和来源追溯体系。开展化工、印染、制革、冶金、制药、电镀、造纸等重点行业工业排水综合毒性甄别和减控评估，实施重点行业特征污染物减排清洁生产。省级以上工业集聚区集中排放的工业废水应进行综合毒性甄别。建立农药施用规范，严格管控施用农药品种和用量。

（4）切实保障生态流量

合理控制河湖等水体总取水量，加强生态流量保障工程建设和运行管理，采取联合调度、调水引流等措施，科学安排闸坝下泄水量和泄流时段，维持基本生态用水需求，重点保障枯水期生态基流。建立生态流量保障机制，确定各河流生态流量及过程要求，并向社会公布。优化流域梯级开发布局，合理规划、建设水利水电等拦河工程，严格落实规划和项目环境影响评价要求。开展闸坝生态影响后评估，提出闸坝调度优化措施。同时，利用引水工程及再生水，增加河道生态水量，逐步恢复衡水湖、永定河、北运河、南运河等重要河湖的自然流量和生态水位，保证白洋淀特枯年 1.26 亿 m^3 的生态水量和 7.3 m 的生态水位要求。

（5）着力消除重污染水域

以沟河（东店断面）、北运河（榆林庄断面、王家摆断面）、府河（安州断面）、大石河（码头断面）、宣惠河（大口河口断面）、岔河（东宋门断面）、南排河（李家堡一断面）、子牙新河（阎辛庄断面）、滏阳河（艾辛庄断面）、永定新河（塘汉公路大桥断面）、海河（海河大闸断面）以及白洋淀（南刘庄点位）等劣V类水体为重点，落实控制单元治污责任，加大整治力度，大幅削减单元污染负荷，全面加强水功能区监督管理。采取控源截污、垃圾清理、清淤疏浚、生态修复等措施，加大黑臭水体治理力度，每半年向社会公布治理情况。地级及以上城市建成区应于 2017 年年底前实现河面无大面积漂浮物，河岸无垃圾，无违法排污口；于 2020 年年底前地级及以上城市建成区黑臭水体控制在 10%以内。北京市、天津市、石家庄市建成区要于 2017 年年底前基本消除黑臭水体。

（6）加强近岸海域环境保护

沿海地级及以上城市实施总氮排放总量控制。规范入海排污口设置，2017 年年底前全面清理非法或设置不合理的入海排污口。到 2020 年，入海河流基本消除劣V类水体。推进生态健康养殖，控制近海养殖密度。清理整顿围填海项目。综合整治北戴河等海湾污染，到 2017 年，北戴河及邻近海域受损沙滩全面修复；到 2020 年，典型受损海洋景观得到基本恢复。

（7）推进重点河流生态修复

开展滦河、大清河、滏阳河等现状排污严重河流入河排污口综合整治，实施北运河、南运河等河流生态清淤，缓解水体污染。重点治理永定河、拒马河、漳河等河流沙化河段，实施节水型绿化，利用汛期过水和生态补水，提高河道植被覆盖率。重点推进北京、天津、石家庄3市城区水系连通工程建设，促进城市河湖生态修复。到2020年，初步实现河流水体连通功能，恢复河流水质自然净化功能，河流水质得到有效改善，生态用水适当提高。

专栏 5-2　河流生态修复治理重点工程

（1）重点河流治理工程

永定河：开展清洁小流域治理，实施退耕还林还草工程，增强水源涵养能力。加强生态调度，增加上游下泄水量，恢复河道基流和景观水面；实施河道水质净化工程和节水型河道绿化工程。通过治理，山峡段水质达到地表水Ⅱ类标准，平原段达到Ⅳ类及以上标准，年生态水量达到 1.42 亿 m^3。

潮白河：加快实施水源涵养与生态保护工程，推进生态清洁小流域建设，开展污水、垃圾、厕所、河道、环境"五同步"治理。加快河流生态修复及密云水库库滨带修复工程建设。

滦河：实施丰宁坝上高原水生态综合治理工程，整治滦河、柳河、瀑河等河流入河排污口。加强潘家口和大黑汀水库水源地保护，实施滦河、武烈河等重点河段污染综合治理工程。实施滦河、汤河、戴河等河流水生态修复工程，综合整治石河、洋河、人造河等河流入河排污口，修复滦河口湿地。加强滦河生态清洁小流域建设。

大清河：依托引黄入冀补淀工程，完善西大洋、王快和安各庄等水库水源补充工程；建设沙河唐河、拒马河两大南水北调水源调蓄地下水水库，保障上游南、北两支河流生态水量下泄；加大保定市污水治理，加强入白洋淀河流的治理和淀区综合整治。通过治理，逐步将大清河打造成以白洋淀为中心、上下游一体的绿色生态水网格局。加强大清河生态清洁小流域建设。

北运河：以水质还清为关键，实施通惠河、凉水河等支流综合治理，加强北京市污水深度处理，严格入河水体的水质管理；实施生态清淤，恢复榆林闸、木厂闸和筐儿港枢纽等11座拦河闸坝段河道水面；建设甘棠橡胶坝至牛牧屯引河等15处小型湿地，打造北运河畅通、水清、岸绿的生态廊道。

南运河：结合南水北调东线工程建设、沿岸地区水生态修复及文化遗产保护，全面实施河流综合整治工程。加快运河沿线的天津静海、河北沧州的雨污分流和截流工程建设。建设前辛闸、尹庄闸、唐窑闸等 33 处排水闸湿地处理工程，控制乡镇居民生活和畜禽养殖污水入河。推进景县、泊头和静海等县市沿岸村庄生活污水集中处理工程建设，实施十一堡湿地生态公园等河滨带人工湿地建设。

（2）重要城市生态水网建设工程

北京市：构建"三环碧水绕京城"的城市水网，即连通六海、筒子河等河湖，形成约 20 km 的"一环"环状水带；南北护城河、长河、转河、昆玉河等 10 条河道及玉渊潭、龙潭湖等 8 个公园湖泊，形成约 60 km 的"二环"环状水带；连通永定河、京密引水渠、北运河、北沙河、南沙河、凉水河、新风河等，形成约 230 km 的"三环"环状水带。同时，利用已建或新建的 70 余个分水口门，实现南水北调工程与永定河、北运河、潮白河等水系连通，为周边水系提供清水水源，促进城市河湖及沿线河流生态恢复。

天津市：以一、二级河道为骨架脉络，控源截污，循环连通，生态补水，综合治理河湖水系，构建"三区、九廊、两循环"的水生态网络。"三区"即中心城区、环城四区和滨海新区，"九廊"即永定河-永定新河、海河干流、大清河-独流减河、子牙新河、州河-蓟运河、潮白-潮白新河、南北运河、北京排污河、青龙湾减河 9 条河流生态廊道，"两循环"即海河南部和北部连通循环。

石家庄市：打造"一河两环"的环城水网，即以滹沱河为一河，民心河、南茵河为内环，西北部水利防洪生态工程（含太平河）、石津干渠段、西北部南水北调段和东南环水系四部分组成的外环城市环城水网。规划内环长度 59.2 km，以功能拓展、人文活动植入为主；规划外环长度 101 km，以生态环境恢复、滨水游憩空间营造为主。

5.1.3　全防全控，推进水空间统筹管理

（1）实施陆海统筹管理

落实环渤海三省一市制定的海洋生态红线划定方案，强化海洋红线区综合管控。提高入海河流流域截污治理水平，加强河口湿地生态工程建设，控制氮磷排放量，强化直排海污染源和沿海工业园区监管。严格监管围填海、港口建设、工业园建设、采挖海沙、海洋石油勘探开发等活动，推广海水健康养殖，重点保护水生生物资源及其栖息地。天津、秦皇岛等重要港口建设船舶油污水、压载水、生活污水、固体废物和散装化学品洗舱水排放跟踪监控信息系统。

（2）强化地表地下水协同控制

严防北四河下游汞、六价铬等重金属超标对地下水的影响。北京市大兴南红门再生

水灌区、天津市再生水灌区、河北省洨河、邯郸市再生水灌区上游应严控水源，避免工业废水混入，污水处理厂出水必须达到《城镇污水处理厂污染物排放标准》一级 A 排放标准，确保灌区农业灌溉用水符合《城市污水再生利用　农田灌溉用水水质》（GB 20922—2007）。避免在渗透性强、地下水位高、地下水露头区进行再生水灌溉。石油化工生产存贮销售企业、矿山开采区、工业园区、危险废物堆存场、垃圾填埋场、再生水农灌区和高尔夫球场等重点管控污染源必须建立地下水监测井，纳入各省市地下水监测网络。强化天津、石家庄、邢台、邯郸等地下水"三氮"超标地区面源污染治理。京津冀区域率先开展地下水污染修复试点。

（3）实施地下水回灌补源

南水北调工程通水后，在有条件的地区，结合河系连通工程建设，利用京津冀地区局部洪水等资源进行回灌地下水。因地制宜地采取地下水回灌补源措施，增加地下水的有效补给及地下水资源储量。北京市通过集雨和提高地下水入渗率，增加雨水下渗量；利用通惠河、潮白河等河道和蓄滞洪区拦蓄洪水，增加地下水补给量。河北省建设七里河、白马河、滹沱河、沙河及一亩泉等回灌补源工程，利用南水北调中线工程退水补给地下水。

（4）着力解决跨界水污染

以沟河（东店断面）、大石河（码头断面）、岔河（东宋门断面）、子牙新河（阁辛庄断面）、北运河（榆林庄断面、王家摆断面）等跨界劣Ⅴ类水体为重点，大力实施综合整治措施，着力削减污染物入河量。以拒马河、潮河白河、潮白河、北运河、永定河、子牙新河等重要的跨界河流为重点，强化水质达标管理，鼓励流域上下游实施联防联控、联动治污，统一规划、统一标准、统一监测。

5.1.4　加快城镇市政公用基础设施建设

5.1.4.1　城镇污水处理设施建设

（1）加快污泥处理处置设施建设

按照"稳定化、无害化、资源化"的技术路线，因地制宜加强污泥处理处置设施建设，最大限度地回收污泥中的能源与资源。

（2）加强城镇污水再生利用

加快城镇污水处理设施的升级改造，污水处理的主要指标达到环境生态用水标准，推动污水再生用于市政杂用、园林绿化、工业用水、景观环境等方面。在重点城市，建设面向未来的城市污水处理示范厂。

（3）推进管网雨污分流改造与建设

加快推进管网雨污分流设施改造，暂不具备改造条件的要加快污水截流干管建设，并适当加大截留倍数，杜绝旱季污水直排河道水体的现象，为初期雨水污染治理创造条件；进一步完善城镇污水管网，加快对质量差、漏损严重的污水管网进行改造。

（4）加快建设海绵城市

落实低影响开发的建设理念，建立从源头到末端的全过程雨水径流控制体系，并落实到相关专项规划中。将水域面积率、下凹绿地、雨洪利用等低影响开发系统布置要求纳入控制性详细规划；通过绿地系统和雨水专项规划落实各类绿地及周边用地雨水控制利用等；建立城市水系统综合规划，统筹城市供水、节水、污水（再生利用）、排水（防涝）、蓝线等各项要求；推进实施屋顶绿化工程，增加城市绿地面积。

到 2020 年，京津冀地区基本实现城市污水的全收集全处理，污泥无害化处理处置率达到 90%，城市污水再生利用率达到 70%。具体见表 5-1。

表 5-1　京津冀地区城镇污水处理主要指标

主要指标		现状 2012 年	京津冀规划目标	
			2017 年	2020 年
污水处理率	城市	88.6%	92%	95%以上
	县城	87.5%	92%	95%以上
	重点镇	—	—	70%以上
污泥无害化 处理处置率	城市	19.6%	85%	90%以上
	县城	9.8%	40%	50%以上
污水再生 利用率	城市	33.1%	60%	70%以上
	县城	11.5%	20%	25%以上

注：—表示无数据。

5.1.4.2　城镇垃圾处理设施建设

（1）加快处理设施建设

加大城市生活垃圾无害化处理设施建设力度，加快完善大中城市生活垃圾处理设施，大力推进县城生活垃圾无害化处理设施建设，推广生活垃圾处理产业园区建设。

（2）完善垃圾分类和收转运体系

加大生活垃圾收集力度，提高收集率和收运效率，城市建成区应实现生活垃圾全部收集。扩大收集覆盖面，在有条件的地区，应按照统筹城乡的原则，推进生活垃圾收转运系统的建设。推行生活垃圾分类，应建立与生活垃圾分类、资源化利用、无害化处理等衔接的收转运体系，完善收转运网络。按照以城带乡模式推进重点镇垃圾收集、转运设施建设，逐步实现重点镇垃圾收集、转运全覆盖。指导农村地区因地制宜地确定农村生活垃圾收集、转运、处理模式，加大农村生活垃圾污染治理力度。

（3）加大存量治理力度

对由于历史原因形成的非正规生活垃圾堆放点和不达标生活垃圾处理设施进行存量治理，使其达到标准规范要求。非正规生活垃圾堆放点整治，要在环境评估的基础上，制订治理计划，进行综合整治，优先开展水源地、重点骨干河道和行洪区、城乡接合部等重点区域的治理工作。

（4）推进餐厨垃圾和建筑垃圾处理

因地制宜选择处理技术，继续推动餐厨垃圾单独收集和运输，以适度规模、相对集中为原则，建设餐厨垃圾无害化处理和资源化利用设施，鼓励餐厨垃圾与其他有机可降解垃圾联合处理。启动建筑垃圾资源化利用工作。

到 2017 年，设市城市生活垃圾得到有效处理，无害化处理率达到 92%以上；县城生活垃圾无害化处理率达到 72%以上。到 2020 年，设市城市生活垃圾无害化处理率达到 95%以上；县城生活垃圾无害化处理率达到 75%以上。

5.1.4.3　城市供水体系建设

（1）提升水源保证能力

以南水北调中东线干线工程为纽带，以现有骨干供水工程体系为骨架，通过山区骨干水库—南水北调干线—引黄干线—骨干配水渠道—生态修复河道—地下水压采区的连通，形成东西互补、南北互济、多源联调、丰枯调剂的水资源配置体系，通过合理调配当地水、引江水、引黄水、污水处理回用及海水利用等多种水源，逐步退还生态环境用水挤占水量，全面提升京津冀地区水资源调控水平和供水保障能力。到 2020 年，京津冀地区水利工程总供水量达到 296 亿 m³，其中水利工程供水量达到 100 亿 m³ 以上；京津冀污水处理回用、海水淡化等其他水源利用量由 2012 年的 12 亿 m³ 提高到 43 亿 m³。

（2）全面控制管网漏损

重点对使用年限超过 50 年和使用灰口铸铁管、石棉水泥管等落后管材的供水管网进行更新改造，管网漏损率达到国标要求，到 2020 年要降低到 8%（表 5-2）。加强"二次供水"设施改造。对供水安全风险隐患突出的二次供水设施进行改造，防止二次污染，提高"龙头水"质量。加快水厂升级改造。对出厂水水质不能稳定达标的水厂全面进行升级改造，加强预处理和深度处理，确保出厂水水质全面达标。加强应急能力建设。针对可能出现的水源特征污染物加强应急净水、检测等物资储备，建立应急抢修队伍，完善应急预案。

表 5-2　京津冀地区城镇供水主要目标　　　　　　　　　单位：%

主要指标		现状值（2012 年）	京津冀规划目标	
			2017 年	2020 年
用水普及率	城市	99.9	100	100
	县城	96.1	98	100
公共供水普及率	城市	79.0	90	95
	县城	81.3	90	95
公共供水管网漏损率	城市	16.15	达到国家有关标准要求	8
	县城	10.7		8

5.1.4.4　建制镇和村庄供水系统建设

根据《全国城镇供水设施改造与建设"十二五"规划及 2020 年远景目标》的要求，统筹京津冀建制镇当前供水水质改善与未来发展需求，兼顾日常供水服务与应急安全保障，加大拓展公共供水服务范围力度，科学确定新增、改造供水设施及配套管网规模。优先解决供水水质不安全问题，优先实施供水设施改造、水质监测和应急能力建设。促进不同区域和城乡之间的协调发展，实施农村饮水提质增效工程，推进安全供水服务均等化。大力推进供水企业水质监测能力建设，进一步完善"两级网三级站"水质监测体系，全面提升供水安全监管水平，规范供水行为，进一步提高企业运行效率和行业服务质量。京津冀地区建制镇和村庄供水主要目标如表 5-3 所示。

表 5-3　京津冀地区建制镇和村庄供水主要目标

指标	2017 年	2020 年
建制镇集中供水比例/%	92	96
供水水质达标率/%	75	87
建制镇新建供水设施/座	500	500
新增集中式供水能力/（万 t/d）	30	60
供水设施升级改造（含合并）/座	1 000	2 000
新敷设供水管网/km	2 000	2 500
新建乡镇级供水水质监测站/个	50	100

专栏5-3　水污染防治工程

（1）城镇污水处理工程

加快城镇污水处理设施及配套管网建设，对区域内尚未达到《城镇污水处理厂污染物排放标准》（GB 18918—2002）一级 B 排放标准的污水处理厂实施升级改造。对排入封闭或半封闭水体、富营养化或受到富营养化威胁水域、下游断面水质不达标水域的城镇污水处理厂，以及直接排入或通过截污导流排入近岸海域的污水处理厂，将其提升至《城镇污水处理厂污染物排放标准》（GB 18918—2002）一级 A 排放标准。对有条件的污水处理厂配套建设再生水利用工程。

（2）城镇供水设施工程

加快京津冀区域城镇供水设施和配套管网建设，科学确定新增、改造供水设施及配套管网规模。

（3）重点流域海域水污染防治工程

2017 年前，完成河北省全部劣Ⅴ类河流环境综合整治，劣Ⅴ类水质断面比例控制在25%以内。实施白洋淀、衡水湖、官厅水库、潘家口水库、大黑汀水库、岗南水库、黄壁庄水库、王快水库环境综合整治工程。2020 年前，开展津冀海岸线和近海污染治理，以及海洋生态修复等重大工程，实施滦河流域—滦河口、大浦河—洋河—人造河—北戴河近岸海域、蓟运河—潮白新河—永定新河—汉沽近岸海域、海河—海河口等流域—海域水污染综合防治工程。

（4）海水淡化等非常规水源利用工程

加大城市废污水处理回用水、淡化海水和微咸水等非常规水源利用。适度发展淡化海水，合理布局沿海工业，重点推进北疆电厂、南港工业区淡化海水点对点直供工业用水大户工程。河北秦皇岛、唐山、沧州等沿海城市，加快发展海水冷却、海水淡化等技术，鼓励发展海水直接利用技术，扩大沿海地区海水直接利用和海水淡化规模。选择大中型企业实施海水利用工程，解决曹妃甸、秦皇岛、黄骅等沿海地区工业用水问题。

（5）地下水超采治理工程

到 2020 年前，重点实施一批从水源到田间的引、提、蓄、灌等水利工程，通过外调水、平原小型蓄水、河湖坑塘连通及淡化海水、微咸水利用等多水源利用，逐步置换压减地下水开采量。以南水北调中线沿线 7 个山前洪积扇为重点修复地区，建设 12 处回灌补源工程，利用河道、蓄滞洪区拦蓄的洪水、涝水以及外调水等回补地下水，增加地下水战略储备。

（6）饮用水水源地保护工程

开展饮用水水源地保护重大工程，构建和完善区域多水源保障体系。2020 年前，重点在密云、引滦专线、黄壁庄等水源地开展点源治理工程，整治入河库排污口。在官厅、于桥和东武仕水库等水源地实施农村河道综合治理工程，控制面源污染。开展潘家口、大黑汀、岳城和洋河水库等水源地内源污染治理工程。在密云、于桥和黄壁庄等水源地周边建设湿地，在怀柔、岗南和大浪淀等水源地实施生态修复工程，在密云、官厅和洋河等水库实施生物净化工程。

（7）工业节水示范工程

强化高耗水项目用水约束，加强重点节水技术、工艺和装备推广应用，重点支持钢铁、火力发电、石化、化工、造纸、纺织、食品、煤炭、有色金属等高耗水行业实施节水技术改造，推广工业节水和废水处理及综合利用先进技术工艺及设备，实施一批对行业有重大影响和突出效果的关键技术产业化示范工程。

（8）水资源保护和水生态修复工程

2020 年前，开展河湖水系综合整治，推进六河（永定河、滦河、北运河、大清河、南运河、潮白河-潮白新河）绿色生态河道廊道治理、五大重点湖泊湿地（白洋淀、衡水湖、七里海、南大港、北大港）保护与修复。实施水资源保护和河湖生态修复重大工程，开展官厅、密云、潘大等水库生态修复和污染治理，开工建设引黄入冀补淀工程。在京津冀地区的重点生态功能区、饮用水水源地、鸟类迁徙路线等区域，规划实施一批湿地恢复重大工程。

5.2　大气污染防治措施研究

5.2.1　严格环境准入，强化源头管理

（1）优化产业空间布局

依据京津冀地区区域主体功能区划要求和大气污染物输送规律，合理确定区域重点产业发展布局、结构和规模，重大建设项目原则上布局在优先开发区和重点开发区。天津市与河北省合理承接北京市疏解的相关商贸服务业与制造业功能。产业转移过程中严格限制在生态脆弱或环境敏感地区建设"两高"行业项目。加强对各类产业发展规划进行环境影响评价及气候适应性评估。科学制修订并严格实施城市规划，形成有利于大气污染物扩散的城市和区域空间格局。

（2）推动产业结构调整

制定京津冀限制、禁止、淘汰类项目目录，并适时更新，淘汰落后产能和压缩过剩

产能。提高环保、能耗、安全、质量等标准，倒逼区域产业转型升级。三地联合加强对布局分散、装备水平低、环保设施差的小型工业企业的综合整治。适时统一提高二氧化硫、氮氧化物的排污收费标准并开征挥发性有机物排污费。对钢铁、水泥、化工、石化、有色金属冶炼、平板玻璃、焦化等重点行业，推广采用先进、成熟、适用的清洁生产技术、工艺和装备，实施清洁生产技术改造。2017 年年底前，京津冀地区基本完成地级及以上城市主城区重污染企业搬迁改造以及重点行业清洁生产审核；北京市水泥产能压缩至 400 万 t 左右、炼油规模控制在 1 000 万 t，天津市行政辖区钢铁产能、水泥（熟料）产能分别控制在 2 000 万、500 万 t 以内；河北省淘汰 10 万 kW·h 以下非热电联产燃煤机组，化解 6 000 万 t 钢铁过剩产能。

（3）严格区域环境准入

提高节能环保准入门槛，健全重点行业准入条件，对符合准入条件的企业实施动态管理；未通过环境影响评价审批的，一律不准开工建设；违规建设的，要依法进行处罚。把二氧化硫、氮氧化物、烟粉尘和挥发性有机物排放是否符合总量控制要求作为建设项目环境影响评价审批的前置条件。新、改、扩建"两高"行业项目要实行产能等量或减量置换，地级及以上城市建成区原则上不得新建燃煤锅炉。

5.2.2　从严排放标准，协同治理大气污染

（1）统一实施特别排放限值

对于国家已经制定了特别排放限值的火电、钢铁、石化、水泥、有色、化工等六大行业，2014 年，北京、天津、石家庄、唐山、保定、廊坊等城市，执行国家大气污染物特别排放限值标准或更严格的地方标准；2015 年，京津冀区域内 13 个地级及以上城市，新建燃煤火电机组大气污染物排放浓度基本达到燃气轮机组排放限值（即在基准氧含量 6%条件下，烟尘、二氧化硫、氮氧化物排放质量浓度分别不高于 10 mg/m³、35 mg/m³、50 mg/m³），新建钢铁、石化、水泥、有色、化工等重污染行业以及燃煤锅炉项目，统一执行大气污染物特别排放限值。

（2）强化重点行业主要污染物治理

加快电力、钢铁、水泥、平板玻璃、有色等企业以及燃煤锅炉脱硫、脱硝、除尘改造工程建设，确保按期达标排放。在有机化工、医药、表面涂装、塑料制品、包装印刷等行业实施挥发性有机物综合整治，在石化行业开展"泄漏检测与修复"技术改造，完成有机废气综合治理，限时完成加油站、储油库、油罐车的油气回收治理。

（3）加强氨污染控制

改进撒施、浅施、表施等传统落后的施肥方式，加强牛、羊等动物粪便焚烧监管；示范推广新型肥料，提高畜牧业养殖集约化程度，推动氨的合成和化肥生产行业技术升

级与污染治理，减少氨排放；加强脱硫脱硝过程中的氨逃逸控制；编制农业施肥、畜牧业、生物质燃烧、化工生产等重点领域氨排放清单。

5.2.3　加快发展清洁能源，推进煤炭清洁利用

（1）实施清洁能源替代

京津冀地区增加外输电、天然气供应，加快发展可再生能源，逐步降低煤炭消费比重。坚持集中与分布式并举，加快风电与光伏电站建设，推进太阳能、地热能、生物质能综合利用，优先安排可再生能源和低碳清洁能源上网。建立分布式能源发展试验区，推动新能源科技创新和产业化。鼓励城市积极利用工业余热集中供暖，大力推广地热供暖。加强天然气利用政策引导，扩大管道天然气、煤制气、煤层气以及成品油向京津冀输送，鼓励海上液化天然气（LNG）多渠道进口，优先保障城市供暖及居民生活用气，合理布局燃气调峰电站。在气源有保障、经济可承受的前提下稳步推进工业"煤改气"工程。加快河北沧州海兴核电项目前期工作，规划建设华北油田大型地下储气库。2017年年底前，京津唐电网风电等可再生能源电力占电力消费总量比重提高到15%；北京市煤炭占能源消费比重下降到10%以下，电力、天然气等优质能源占比提高到90%以上。

（2）全面推进煤炭清洁高效利用

京津冀地区新建项目禁止配套建设自备燃煤电站，除热电联产外禁止审批新建燃煤发电项目。耗煤项目实行煤炭等量或减量替代。加快淘汰分散燃煤锅炉，以热电联产、集中供热和清洁能源替代。提升工业领域煤炭清洁高效利用水平，针对焦化、煤化工、工业锅炉、工业窑炉等重点领域，充分发挥市场主导作用，加大地方政府组织协调力度，推动重点工业企业提升煤炭清洁高效利用技术水平，推广应用高效煤粉锅炉和水煤浆锅炉，实现控煤、减煤，减少大气污染物排放。加强散煤治理，扩大高污染燃料禁燃区范围，禁燃区内禁止燃用散煤等高污染燃料。削减农村炊事和采暖用煤，加大罐装液化气和可再生能源供应，推广太阳能热利用。对于城郊和农村地区暂时无法替代的民用燃煤，推广使用洁净煤和先进炉具。提高煤炭洗选比例，新建煤矿应同步建设煤炭洗选设施，现有煤矿要加快建设与改造。加强煤炭质量管理，限制销售灰分高于16%、硫分高于1%的散煤，全面取消劣质散煤的销售和使用。建设全密闭煤炭优质化加工和配送中心，构建洁净煤供应网络，清洁煤使用率达90%以上。

5.2.4　优路洁油控车，防治机动车污染

（1）优化城市功能和布局

科学制定城镇群区域规划和城市总体规划，加快北京及周边卫星城建设，疏导主城区功能，形成合理的交通和物流需求。完善综合交通运输体系，构建京津冀快速、便捷、

高效、安全、大容量、低成本的互联互通综合交通网络，加快大中城市绕城公路建设，减少重型载货车辆过境穿行主城区。大力推进城市绿色货运配送。加强步行、自行车等慢行交通系统建设。推广城市智能交通管理。

（2）大力发展城市公共交通

实施公交优先战略，构建以交通、步行、自行车为主要出行方式的交通系统，建立有效衔接的城市综合交通管理体系，提高公共交通出行比例。加快推进轨道交通设施建设，逐步完善特大城市以轨道交通为主体的公共交通出行体系，积极推广无轨电车。大力推广社区巴士、自行车租赁、"P+R"（驻车换乘）等，解决交通出行"最后一公里"问题。

（3）统一燃油品质

京津冀全范围供应符合国Ⅴ阶段标准的车用汽、柴油，同步推进普通柴油。中石油、中石化、中海油等炼化企业要确保按期供应合格油品。加强对成品油生产流通领域质量监督检查，严厉打击非法生产、进口、销售不合格油品行为。

（4）全方位控制机动车污染

一是加快淘汰黄标车和老旧车辆。地方可制定提前淘汰经济政策，严格实施黄标车限行和机动车强制报废标准，建立黄标车和老旧车辆信息数据库，开展黄标车治理改造试点。到2017年，全部淘汰京津冀地区的黄标车。二是加强机动车环保管理。京津冀统一实施国家第五阶段机动车排放标准，为三地同步实施第六阶段标准开展前期准备；环保、工业和信息化、质检、工商等部门各司其职，联合加强新生产车辆环保监管，联合严厉打击生产、进口、销售环保不达标车辆的违法行为。加强在用机动车年度检验，严格机动车安全技术检测机构和尾气检测机构的监督管理；研究建立京津冀机动车排污监控平台，共享机动车检测相关技术、数据，统一机动车环保标志管理；鼓励出租车每年更换高效尾气净化装置。三是大力推广新能源汽车。加快充电站（桩）等基础设施建设，率先在公交、环卫等行业和政府机关推广使用，免于购车指标限制，采取直接上牌、财政补贴等综合措施鼓励个人购买。北京、天津、石家庄等城市每年新增或更新的公交车中新能源和清洁燃料车的比例达到60%左右。四是提高低速货车节能环保标准。新增和更新的低速货车执行与轻型载货车同等的节能与排放标准。

（5）推进非道路移动机械和船舶的污染控制

建立京津冀地区非道路移动机械和船舶控制管理台账。推进非道路移动机械和船舶用燃料低硫化供应。自2016年1月1日起，全面实施国家第三阶段非道路移动机械排放标准。加快天津等地区的"绿色港口"建设。

专栏 5-4　大气污染防治工程

（1）清洁能源工程

加快风电与光伏电站建设工程，推进太阳能、地热能、生物质能综合利用工程。推进天然气分布式能源、煤改气等工程建设。规划建设储气库及调峰储备基地。积极推进沿海核电项目建设。

（2）煤炭清洁化工程

全面推进民用清洁燃煤供应和燃煤设施清洁改造，建设全密闭煤炭优质化加工、配送中心和清洁煤供应网络。

（3）燃煤锅炉节能环保提升工程

开展高效环保煤粉工业锅炉示范、高效层燃锅炉综合改造、工业园区热电冷联产示范推广、工业锅炉用煤优化示范、蒸汽和热力管网优化改造示范、清洁与新能源锅炉示范。

（4）重点行业清洁生产水平提升工程

对钢铁、水泥、化工、石化、有色金属冶炼、平板玻璃、焦化等重点行业，推广采用先进、成熟、适用的清洁生产技术、工艺和装备。

（5）重点行业多污染物治理工程

实施电力行业、钢铁烧结机/球团、石油石化行业催化裂化装置以及其他行业二氧化硫治理项目，电力、水泥行业与平板玻璃氮氧化物治理项目以及钢铁行业烧结烟气脱硝示范项目，燃煤电厂、水泥窑、玻璃窑、钢铁烧结机除尘设施改造项目以及燃煤锅炉除尘及综合治理项目，石化、有机化工、表面涂装、包装印刷等工业行业挥发性有机物治理项目。

（6）机动车污染防治工程

推进油品质量升级、黄标车及老旧车淘汰、新能源车发展、京津冀机动车排污监控平台建设等。

（7）农作物秸秆综合利用工程

在 100 个农作物秸秆产量大县，建设青黄贮饲料、成型燃料、食用菌基料工程和补贴秸秆机械还田。

5.3   加强农村与土壤环境保护

5.3.1   推进农村环境连片综合整治

以密云水库、于桥水库等水源地周边及南水北调中线沿线地区为重点，推进京津冀地区农村环境连片综合整治工作，建设资金重点向河北省倾斜，加快农村饮用水水源保护区或保护范围划定工作，加大水源地环境监管力度，优先治理水源地周边的生活污水、生活垃圾、工矿污染、畜禽养殖和农业面源污染。到 2020 年，区域 80% 以上的建制村完成环境综合整治任务，到 2030 年，农村环境连片综合整治实现全区域覆盖，农村人居环境显著改善。

专栏 5-5   京津冀地区农村环境连片综合整治重点地区

北京：密云水库、官厅水库周边地区等。

天津：引滦入津工程沿线、于桥水库流域和南水北调沿线地区等。

河北：白洋淀以及南水北调沿线地区、京津水源地周边和输水沿线地区、衡水湖等。

（1）统筹城乡污染治理基础设施建设

将农村环保基础设施建设作为城镇总体规划、国民经济和社会发展中长期规划和区域规划的重要内容，科学设计治污设施建设规模和布局，逐步推进京津冀地区环保基础设施统一规划、统一建设、统一管理。鼓励乡镇和规模较大村庄建设集中式污水处理设施，将城市周边村镇的污水纳入城市污水收集管网统一处理，居住分散的村庄要推进分散式、低成本、易维护的污水处理设施建设。加强农村生活垃圾的收集、转运、处置设施建设，统筹建设城市和县城周边的村镇无害化处理设施和收运系统。

（2）提高畜禽养殖废弃物综合利用水平

坚持"种养结合、综合利用、提升品牌"的原则，以畜禽养殖废弃物综合利用为重点，制定有机肥生产、运输、使用等环节优惠政策，扶持建设一批有机肥厂，推进京津冀地区有机食品基地创建，有效防控区域农业面源污染。推行畜禽养殖废弃物的统一收集、集中处理，划定畜禽养殖禁养区，开展禁养区环境专项整治。统筹协调，将河北省作为京津冀地区畜禽养殖主要区域，确保供应京津地区，严格限制京津畜禽养殖规模。

（3）加强水产养殖业污染防治

开展水产养殖污染调查，强化水产养殖环境监管。确定水产养殖方式和合理的养殖密度，控制京津冀区域内重点海域、水库、湖泊网箱养殖规模。建立标准化水产健康养殖示范场（区），普及推广生态健康水产养殖方式。推广应用节水、节能、减排型水产养殖技术和模式，推广高效安全配合饲料，大力发展循环水产养殖，减少养殖污染排放。

5.3.2　统筹开展美丽乡村建设

（1）完善农村环境保护顶层设计

在京津冀地区制定统一的农村环境保护规划，逐步建立统一的乡镇环保规划协调、评估、考核机制，编制统一的农村环境保护规划指引和技术规范。所有乡镇必须编制环境保护专项规划，与区县环保规划保持衔接，将环境保护的各项任务纳入区县和乡镇的工作计划，作为社会经济发展和城镇建设的基础和有机组成部分。建立乡镇环保规划组织、协调、评估、考核机制，确立农村环保规划的法律地位。

（2）深化农村生态示范建设

推动京津冀地区深入开展生态乡镇和生态村建设，资金向河北省倾斜，加大河北农村生态示范建设力度，缩小与京津地区差距；京津地区在巩固已有生态乡镇和生态村建设基础上进一步提升建设质量，有条件的地区鼓励生态乡镇和生态村连片建设。结合新型城镇化和社会主义新农村建设，依据卫生村镇、文明村镇、绿色低碳重点小城镇、美丽宜居村镇等试点示范重点，京津冀协同推进农村生态示范建设，形成各具特色的农村生态示范建设模式。

（3）大力推进特色美丽乡村建设

按照京津冀全域生态化、景区化理念，重点培育山水特色村、民俗风情村、历史文化名村、特色产业村等四大村落类型，实现特色发展。到 2020 年，全面实现一村一景，一村一品。在京津冀全域内，重点开展历史文化村镇保护工作，加强村落古建筑、古驿道、古井等物质文化遗产的保护。开展村落古建筑抢救性修复改造工程，将古建筑的保护与利用有机结合。融入山水文化、农耕文化、茶文化等特色文化，突出村落的自然风光、乡土文化及田园特色。

5.3.3　强化土壤环境治理与修复

（1）严格保护农用地土壤环境

切断土壤污染来源。强化京津冀地区工矿企业环境监管，加强农业生产过程环境监管，禁止登记、生产、销售和施用重金属等有毒有害物质超标的肥料和高毒、高残留农药。规范废弃电子产品、废旧车船、废旧电池、废轮胎、废塑料等拆解与再生利用活动。加强生活污水、垃圾、危险废物等集中式治理设施周边土壤环境监测。

开展农用地土壤环境质量等级划分。以河北宁晋、大名、正定等产粮大县，北京大兴区、顺义区、通州区，天津武清区、蓟县、静海县、宝坻区以及河北乐亭等蔬菜产业县，开展农用地土壤环境状况详查，重点摸清耕地、园地、牧草地土壤环境质量状况，详细掌握土壤环境质量状况、土壤污染对农产品质量以及饮水安全影响。

划定土壤环境保护优先区域。划定京津冀地区土壤环境保护优先区域，明确优先区域范围和面积。组织开展优先区域及周边污染源排查。建设和完善优先区域保护设施，建立优先区域保护档案。

（2）严控污染场地环境风险

建立调查评估制度，京津冀地区要实施建设用地土壤环境强制调查制度。加强被污染地块环境监管，建立污染场地清单。以化工、焦化、有色金属冶炼、电镀、制革、铅酸蓄电池等典型重污染行业为重点，定期开展被污染地块环境调查和风险排查，建立重点监管名录。

（3）实施土壤修复治理

制订土壤修复专项行动计划。结合现有土壤调查、污染场地排查等工作基础，根据京津冀地区土壤污染状况，协调编制京津冀地区土壤修复专项行动计划，确定治理与修复目标、优先区域、主要任务和进度安排。开展土壤污染治理与修复，综合考虑土壤污染类型、土地利用类型、地区代表性等因素，开展京津冀地区土壤污染治理与修复试点，逐步建立适合京津冀实情的土壤污染治理与修复技术体系。边示范、边推广、边总结，有计划、分步骤地推进京津冀地区土壤污染治理与修复。

5.4 深化共建共享，加强固体废物资源化利用

京津冀地区应突破地域行政边界，对流域、区域内环境基础设施统一规划、统一布局，实现环境基础设施共建共享，逐步减小区域间环境基础设施配置不均衡现象。

5.4.1 优先推进危险废物污染全过程防治管理

强化京津冀地区危险废物的区域集中处置和跨区选址。全面深化危险废物环境管理制度与京津冀合作机制，消除危险废物跨行政区域转移障碍。建立和推广一体化的危险固体废物信息管理系统，完善危险废物数据和信息交换体系以及事故应急网络，全面实现网上环境管理、信息化服务和在线实时监控。加强各类废弃物的资源化利用和规范化处理处置工作。

5.4.2 建立区域性工业固废循环利用体系和机制

优先建立工业固废循环经济体系，打破区域界线，通过税收减免、补贴等经济方式，

鼓励工业企业，尤其是工业园区内企业以及跨区域工业企业固废循环利用，提高工业固废综合利用水平。推进污泥处理处置设施共建共享，发挥规模效益。鼓励日处理能力 10 万 t 以下的污水处理厂联合建立区域性污泥处理处置设施。加强京津冀地区废弃电子电器产品、废旧汽车等各类废弃物的集中资源化利用和处理合作机制。

5.4.3　切实加强污水和城镇生活垃圾收集处置

鼓励京津冀相邻区域打破行政区限制，共同规划、共建共享垃圾处理设施。鼓励相邻地区统筹规划、合理布局，共建生活垃圾处理厂。按照区域共享的原则，适当调整位于行政区边界的污水处理厂和垃圾处理厂规模，调整污水收集管网规划，使其辐射周边相邻区域。基本统一区域污水、垃圾处理收费标准，鼓励整合兼并，培育大型骨干环保产业集团，为环境基础设施共建共享创造条件。

第 **6** 章

区域生态安全体系建设研究

京津冀地处我国北方农牧交错带前缘，主体为半湿润大陆性季风气候，为典型的生态过渡区，其生态压力已临近或超过生态系统承受阈值。土地沙化、风沙危害、水土流失问题严重，土地资源保护迫在眉睫；生物栖息地受到严重干扰，本地乡土物种消失，以非乡土物种为主的园林绿化使生态系统单一，生物多样性受到严重威胁。然而，京津冀城市化过程缺乏区域间协同联动，产业布局各自为政，加重了生态用地流失、水生态失衡等问题，由此带来生态系统服务下降、生态风险加剧、生态安全受到威胁。因此，应根据承载力合理布局城市发展格局与规模、产业发展规模与格局，严格保护具有重要生态服务功能的区域，科学构建京津冀生态安全格局。

6.1 防风固沙生态体系建设

防风固沙体系建设的重点是土地沙化区、风沙通道治理及重要风口防护林建设。应本着因地制宜、因害设防的原则，结合京津冀风沙源治理工程、"三北"防护林工程，以及水土流失治理，恢复土地沙化区的自然植被，提高防沙固沙的能力。

以京津冀风沙源治理工程、水土保持工程为依托，构建京津冀都市圈"三区八道六风口一屏障"的防风固沙生态体系。其中三区是京津冀地区的主要土地沙化区，包括坝上沙区、坝下沙区和平原沙区；八道是主要的风沙通道，包括洋河、桑干河、壶流河、清水河谷地、潮河、白河、黑河、汤河河谷；六风口是沙尘暴入侵京津冀地区的关键节点，包括怀安马市口、万全新河口、张北黑风口、崇礼三龙口、赤诚独石口、丰宁小坝子；一屏障是针对风沙危害布局，沿京津周边山区建设风沙屏障带。

6.1.1 "三区"治理与防治

三区包括坝上沙区、坝下沙区和平原沙区。坝上沙区位于农牧交错带，行政区包括河北张家口市的张北、尚义、沽源、康保 4 县的部分或全部区域，以及承德市的围场、丰宁 2 县的部分区域，总面积约 16 000 km²。本区土壤疏松、泥沙颗粒小，极易扬沙起尘；再加上人口压力大、毁林毁草开垦和不合理的放牧，致使风蚀沙化严重，耕地表面的风蚀深度平均为 1～2 cm，一般耕地开垦后 30～50 年，地表即完全砾质化，不得不弃耕。强烈的风蚀使得耕地地表形成沙质、砾质景观，是规划区内最大的本地沙源。

坝下沙区主要位于燕山山脉和太行山山脉的交界处，地貌类型为丘陵山地，主要位于河北省张北县，行政区范围包括尚义县、万全县、怀安县、阳原县、阳原县、涿鹿县 6 县的部分区域，总面积约 3 600 km²。本区由于人工樵采，陡坡耕种、畜牧放养、破坏植被，导致水土流失严重和土地沙化，是桑干河、洋河、壶流河等风沙通道的上游区域。

平原沙区主要分布在永定河下游，行政区范围包括廊坊市的霸州、文安、大城 3 县市的部分区域，以及天津市的部分区域，面积约 800 km²。本区由于不合理的农业开垦和水资源的不合理利用等人为活动，造成平原土地退化、风蚀沙化严重。潮白河、永定河等多次决口泛滥，加剧了土地沙化的趋势。

为提高京津冀地区防风固沙功能，应加强土地沙化区的治理措施：严禁再开垦土地，避免新的植被破坏，封禁保护现有的森林，杜绝一切经营性的采伐活动。对沙化严重，粮食产量低而不稳地段的耕地，以及对流域内的陡坡耕地和库区周围的坡耕地，实行退耕还林。对现有荒山荒地，通过飞、封、造等措施，营造乔灌草结合的复层水源涵养林。加强以小流域为单元的水土流失综合治理。改变传统的牧业方式，变放养为圈养，减轻植被破坏的压力。对平原沙区现有裸露沙荒地、卵石滩地、沙坑地等实行种草覆盖，以消除平原沙源。在基本农田保护区加强建设农田林网，沿乡村道路和田间小径种植防护林带，构成农田防护网，在减少水分蒸发、增加湿度、防止扬尘等方面发挥作用。

6.1.2 "八道"治理

"八道"主要包括洋河、桑干河、壶流河、清水河谷地、潮河、白河、黑河、汤河河谷，从北部和西部入侵的沙尘大多通过这八条通道威胁北京。

为提高京津冀地区防风固沙功能，应加强风沙治理措施：

➢ 沿河道种植乔灌草复合植被，增加下垫面粗糙度。

➢ 增强通道阻力，促进沙尘沉降，减少沙尘入侵量。

➢ 陡坡退耕。

➢ 禁止在河道两旁放牧。

6.1.3 "六风口"治理

"六风口"是沙尘暴入侵京津冀地区的关键节点，包括怀安马市口、万全新河口、张北黑风口、崇礼三龙口、赤诚独石口、丰宁小坝子。

为提高京津冀地区防风固沙功能，要加强六大风口防护与治理措施：

- ➤ 建设风口防护林带，增强风口阻力和防护能力，减少沙尘侵入量。
- ➤ 选择种植耐寒树种，提高风口防护林成活率，加大风口防护林网密度。
- ➤ 禁止在重要风口放牧。

6.2 水源涵养地保护体系建设

生态系统涵养水分是生态系统为人类提供的重要生态功能之一。生态系统涵养水分功能主要表现为截留降水、增强土壤下渗、抑制蒸发、缓和地表径流和增加降水等功能，这些功能主要以"时空"的形式直接影响河流的水位变化。在时间上，它可以延长径流时间，或者在枯水位时补充河流的水量，在洪水时减缓洪水的流量，起到调节河流水位的作用；在空间上，生态系统能够将降雨产生的地表径流转化为土壤径流和地下径流，或者通过蒸发蒸腾的方式将水分返回大气中，进行大范围的水分循环，对大气降水在陆地进行再分配。

京津冀地区水源涵养地保护的重点是水源涵养区和河流廊道保护与建设。因此，为了提高京津冀水源涵养能力，针对京津冀地表水源的输送格局，构建京津冀都市圈"十区四横两纵"地表水水源保护生态体系。

十区是以水源涵养区和大型水库水源保护地为景观格局的源区，包括围场—隆化、崇礼—赤诚、涞源小五台水源涵养区以及官厅水库、密云水库、潘家口水库、于桥水库、岗南—黄壁庄水库、王快—西大洋水库、东石岭—东风水库水源保护地；四横两纵是以区域重要的大江大河和人工引水渠作为河流廊道，"四横"指滦河、永定河、石津总干渠—子牙河、唐河—子牙河；两纵为南水北调中线工程和京密引水渠构成一纵（服务北京）；南水北调东线与引滦入津工程构成二纵（服务天津）。

6.2.1 "十区"保护策略

京津冀都市圈地区主要的水源涵养区包括围场—隆化、崇礼—赤诚、涞源小五台水源涵养区以及官厅水库、密云水库、潘家口水库、于桥水库、岗南—黄壁庄水库、王快—西大洋水库、东石岭—东风水库水源保护地。保护策略包括：

- ➤ 大力营造水土保持林、薪炭林和水源涵养林。过度放牧的荒山、荒坡，特别是阳坡要大力发展封山育林；对现有林要以抚育为主，抚育、改造相结合，严禁毁林开荒和乱砍滥伐。封山育林和人工造林相结合，逐步恢复森林植被。
- ➤ 搞好坡耕地改造，对坡度较陡的坡耕地(区域仍有小面积 25°以上的陡坡耕地)，必须进行退耕还林还草。坚决退耕还林、还草，增加大地植被，改善生态环境，控制水土流失。

> 合理利用和保护天然草场。充分利用果树间隙地发展优质牧草，对退化的草山、草坡进行围封、补播。

> 实施地下水超采综合治理工程，严格控制地下水超采。发展节水型农业，压减农田灌溉面积，合理利用浅层微咸水，压减深层地下水开采。

> 加强水源地保护工作，实施大中型水库等重点地表水水源地和地下水水源地保护工程；推进生态清洁型小流域建设，加强小流域水土流失综合治理。

6.2.2 "河流廊道"保护策略

以区域重要的大江大河和人工引水渠作为河流廊道，主要包括滦河、永定河、石津总干渠—子牙河、唐河—子牙河、南水北调中线工程和京密引水渠、南水北调东线与引滦入津工程。保护策略包括：

> 河流两岸的河滩地，应营造乔灌混交的护岸林或者经济林。

> 在河道整治中，尽可能采取林草护岸的做法，沿土质河岸，种植深根性灌木。

> 在河流岸坡上，种植有经济价值的浅根性草类，保护坡面，免受冲刷。

> 划定廊道的两侧各 500 m 作为水源保护范围，严格控制污染物的进入，进入城区可以适当变窄。

6.3 生物多样性保护体系建设

生物多样性是人类赖以生存的条件，是经济社会可持续发展的基础，是生态安全和粮食安全的保障。京津冀地区生物多样性保护体系建设的重点是保护以自然保护区为依托的生物多样性源区（以下简称"生物源区"）和以河流、山脉及沿海防护林为依托的生物廊道。

因此，本书以自然保护区建设为依托，构建京津冀都市圈"十一区七道一带"的生物多样性保护生态体系。其中，"十一区"是以 9 个珍稀、濒危物种保护的国家级自然保护区、白洋淀湿地、天津七里海—北大港湿地为核心，联合周边的省级自然保护区，构成生物源区；"七道"是依托河流、山脉以及沿海防护林，建设 7 条生物廊道，加强 11 个生物多样性源区之间的连通性；"一带"是沿海建设的重要防护带，包括沿着滨海重要的湿地保护区、河口与海岸保护区、近海海域保护区，以及沿海防护林。截至 2012 年年底，京津冀国家级自然保护区名录见表 6-1。

表 6-1 京津冀国家级自然保护区名录（截至 2012 年年底）

保护区名称	行政区域	面积/hm²	主要保护对象	类型	始建时间
百花山	北京市门头沟区	21 743.1	温带次生林	森林生态	1985-04-01
北京松山	延庆区	4 660	温带森林和野生动植物	森林生态	1986-07-09
古海岸与湿地	宁河县、天津市汉沽区、塘沽区、大港区、东丽区、津南区	35 913	贝壳堤、牡蛎滩古海岸遗迹、滨海湿地	古生物遗迹	1984-12-01
蓟县中、上元古界地层剖面*	蓟县	900	中上元古界地质剖面	地质遗迹	1984-10-18
八仙山	蓟县	1 049	森林生态系统	森林生态	1984-12-01
驼梁	平山县	21 311.9	森林生态系统	森林生态	2001-03-31
昌黎黄金海岸	昌黎县	30 000	海滩及近海生态系统	海洋海岸	1990-09-30
柳江盆地地质遗迹*	抚宁县	1 395	地质遗迹	地质遗迹	1999-05-01
青崖寨	武安市	15 164	森林及珍稀野生动植物	森林生态	2006-02-01
小五台山	蔚县、涿鹿县	21 833	温带森林生态系统及褐马鸡	森林生态	1983-11-01
泥河湾*	阳原县	1 015	新生代沉积地层	地质遗迹	1997-02-18
大海陀	赤城县	11 224.9	森林生态系统	森林生态	1999-07-01
河北雾灵山	兴隆县	14 247	温带森林、猕猴分布北限	森林生态	1988-05-09
茅荆坝	隆化县	40 038	森林生态系统和野生动物	森林生态	2002-05-29
围场红松洼	围场满族蒙古族自治县	7 970	草原生态系统	草原草甸	1994-08-15
塞罕坝	围场满族蒙古族自治县	20 029.8	森林生态系统	森林生态	2001-08-01
滦河上游	围场满族蒙古族自治县	50 637.4	森林生态系统和野生动物	森林生态	2002-06-26
衡水湖	衡水市	18 787	湿地生态系统及鸟类	内陆湿地	2000-07-01

*为地质遗迹类国家级自然保护区。

由于长期的保护和恢复，生物源区的生态环境质量较高，建设的重点是以生态保护为主、生态建设为辅。

6.3.1　"十一区"保护策略

生物源区主要包括红松洼草原、松山—雾灵山、古海岸与湿地、八仙山、黄金海岸、小五台山、大海陀、衡水湖、青崖寨 9 个以国家自然保护区为中心的生物源区，以及以白洋淀、天津七里海—北大港湿地为核心的两个湿地生物源区。保护策略包括：

- ➢ 提高山区生物源区生态公益林的比例。
- ➢ 控制大规模砍伐、开垦的开发活动，林业生产强调合理调配，砍伐方式以轮伐间伐为主，注意保护保存良好的自然生态系统、野生物种生境和野生动物栖息地。
- ➢ 促进区域内植被恢复，维持自然生境，在一定范围内尽量维护控制区内生态系统的自然演替。
- ➢ 鼓励通过开展生态旅游和多种经营，限制高资源消耗型和高污染型的工业生产活动，鼓励发展生态农业，控制人口流量和精心设计旅游路线，发展生态旅游。
- ➢ 严格保护现存湿地，不能以任何理由改为他用；尽可能恢复已遭破坏的天然湿地，同时应在水资源能够保证的前提下适度开发人工湿地；加强生态湿地区内，包括湿地保护核心区和缓冲区的植被恢复和重建工作；在湿地区适度开发旅游项目。

6.3.2　"生物廊道"保护策略

以生物多样性保护为目的的生物廊道可以分为三类，一是河流廊道，二是山脉廊道，三是沿海防护带廊道。

（1）河流廊道

河流廊道包括唐河—子牙河廊道、滦河河道以及引滦入津水道，其保护策略包括：

- ➢ 在主干河道上，要求尽量减少水坝、水闸之类的截流设施建设。确有需要时必须进行严格的水文水情调查和对生物多样性影响的评估，必须保证鱼类等生物洄游通道的畅通，防止沿河湿地环境遭到重大破坏。
- ➢ 加强沿岸防护林和水源涵养林建设，减少入河泥沙。沿岸防护林建设优先采用本地树种，尽量使沿岸绿化带的树种结构与周边自然斑块的林相结构相似。尽量保留河流河岸的自然形态、确有需要加强堤岸建设的河段，可以采用粗糙的石料进行加固，为水生生物保留栖息、觅食的环境。进行河流断面的设计和建设，努力形成自然河道水生生态系统结构。
- ➢ 在河流入海和河流交汇的地方，开辟湿地，以保护多样性的生境，提高保护效率。另外，需要重点强调的内容是严格控制污水和垃圾排放、防治水环境污染等。

（2）山脉廊道

山脉廊道包括燕山山脉生物廊道、太行山山脉生物廊道，其保护策略有：

> 强调连绵山脉走势上的绿色通道通畅，优先保护连绵山脉通道走向上的绿色斑块。沿线绿色斑块的建设，注重长轴方向和山脉走向保持一致。

> 注重山脉连绵带上脆弱地段的保护，控制山口地区城镇建设，以减小对山脉的分割作用。一般山脉山口部位，地势比较低，通常是人类活动和交通路线集中穿越的地区，城镇和居民点也可能沿着这些山口展开，容易形成山脉连绵带的断裂，削弱其生态传输功能。

> 在道路两侧建立完整的道路防护林带，并在道路上留出供野生动物穿越的通道。

（3）"沿海防护带"廊道

沿海防护带具有重要的水源涵养、防风固沙功能，是区域重要的生态屏障。规划区有许多自然保护区位于沿海位置，沿着滨海重要的湿地保护区、河口与海岸保护区、近海海域保护区，以及沿海防护林，加强绿色通道的建设，构建生物多样性保护沿海防护带。沿海防护带存在 10 个重点区段，包括秦皇岛的山海关防护林、北戴河防护林，抚宁的渤海林场，昌黎的黄金海岸至滦河口段、乐亭的滦河口至滦河岔段、石臼坨至大清河口段，滦南、丰南的海岸带，汉沽的汉沽至永定新河口段，塘沽的海河口至独流减河口段，以及黄骅的子牙新河至南排河段。保护与建设策略包括：

> 建立宽度在 1 000 m 以上的海岸绿色防护带。加强海岸基干防护林带建设，在沿海的淤泥质海岸重点营造不少于 200 m 宽的基干林带，并对原有的基干林带进行修复和改造；沙质海岸区，营造不少于 500 m 宽的基干林带，重点进行水土保持林和防风固沙林为主的基干林带建设。

> 完善沿海防护林生态系统结构。建立以地带性森林植被为主体的乡土性多林种、多树种，林种和树种结构配置合理，林龄结构合适的高效益、多功能的防护林体系。以上 10 个区段是重点保护的地段，其余地区，尤其在曹妃甸和滨海新区，沿海防护带的宽度可以适当缩小。

> 建设沿海交通干线绿化林网。在各级道路沿线建设层次多样、结构合理的绿化林网，林带设置宽度标准为城际铁路、客运专线路界外 60 m、沿海高速路界外 50 m、滨海大道路界外 40 m、旅游观光道路界外 30 m，立足不同的地貌特征，做到纵横成行、错落有致、美观靓丽。

> 突出沿海防护林的防护功能，把占沿海林地乱采矿、乱养殖和乱旅游的"三乱"作为重点，加强清理整顿，严肃处理侵占林地案件，建章立制，规范管理，根据部、省有关法律、法规，结合当地情况制发有关保护林业发展的文件。

> 加强沿海湿地生态保护与建设，建设沿海生态廊道。实施滨海湿地退养还滩、海岸生态修复等治理措施，提高沿海湿地的生态功能，促进野生生物的迁移。

> 加强自然岸线保护，严格海洋生态红线管理。以 44 个海洋生态红线区为重点，严格保护岸线的自然属性和海岸原始景观，禁止在海岸退缩线（海岸线向陆一侧 500 m 或第一个永久性构筑物或防护林）内和潮间带构建永久性建筑，禁止围填海、挖沙、采石等改变或影响岸线自然属性和海岸原始景观的开发建设活动；禁止新设陆源排污口，严格控制陆源污染排放。

6.4　城市绿廊绿道体系建设

城市绿廊绿道体系是为保障区域生态安全、突出地方自然人文特色和改善城乡环境景观，在整体规划范围内划定，实行长久性严格保护、治理和限制开发的，具有重大自然、人文价值，且发挥区域性影响的绿色开敞空间。城市绿廊绿道体系以"自然绿地"为主体，同时也包含了一些水域和沙滩等。这里的"绿"，更多的是强调其生态意义。因此，城市绿廊绿道体系具有高度的综合性，需要综合考虑风沙防治、地表水源保护、生物多样性保护和区域城乡景观规划的需求，重点应加强生态屏障区、绿色廊道及城市绿色空间建设。

因此，依据防风固沙生态体系、地表水源保护生态体系，生物多样性保护生态体系，并考虑区域城镇化格局，将重点城市作为绿色空间的重要节点，构建"三区、七带、十三节点"的城市绿廊绿道体系。

6.4.1　"三区"——生态屏障区建设策略

三区指京津冀都市圈的三大生态屏障区，主要由风沙屏障区、水源涵养区和沿海防护区。

三大生态屏障区可以构成内外两个圈层。外圈生态屏障区主要由坝上、坝下风沙防治区、一部分重要的水源涵养区、沿海生态防护区构成。其作用主要是风沙屏障、海洋灾害防护。内层屏障区主要由生物多样性源区和水源保护区构成。这些区域基本沿京津冀都市圈的东南部平原的周边山麓地带分布，借助水源区和生物源区的建设，构建第二道风沙屏障带，阻断风沙通道的进一步输送。

为构建城市绿廊绿道体系，应主要从以下两方面加强生态屏障区保护与建设：

> 应按照防风固沙生态体系、地表水源保护生态体系、生物多样性保护体系、海洋生态防护体系的建设要求严格执行，严格保护生态屏障区内的重要水源涵养区、生物源区，加强土地沙化区的治理与防治。

> 严格保护位于两大屏障区之外的白洋淀湿地、蓟县生物源区、天津七里海—北大港湿地，它们是东南部平原区三大绿心。

6.4.2 　"七带"——绿色廊道建设策略

绿色廊道主要由水源通道、生物多样性保护廊道、城镇发展主轴构成的"四横三纵"的格局。七条绿色走廊都具有复合的特点，一般都是由走向一致的重要河流水渠、高速公路、干线铁路、沿海防护林构成的复合廊道。其中"一横"是由石津总干渠—子牙河水源通道、307 国道、石沧高速组成的南部绿廊；"二横"是由唐河—子牙河水源及生物廊道、津保高速、津唐高速构成的中南部绿廊；"三横"是由永定河廊道、京张高速、京沈高速、京津高速构成的中北部绿廊；"四横"是由滦河构成的北部绿廊。"一纵"是由京石高速、规划中的南水北调中线输水干道、京密引水渠、京承高速构成；"二纵"是由南水北调东线工程输水线路、引滦入津工程构成；"三纵"主要由沿海防护林构成。

为构建城市绿廊绿道体系，应主要从以下两方面加强区域绿色廊道的保护与建设：

> 应按照防风固沙生态体系、地表水源保护生态体系、生物多样性保护、海洋生态防护体系的建设要求严格执行，严格保护生态屏障区内的重要水源廊道、生物多样性保护廊道，并严格实施风沙通道治理。

> 加强平原区道路林网、农田林网和农田湿地的建设，它们是区域绿廊绿道体系的重要组成部分，是区域绿色空间暨区域生态安全总体格局的基础。

6.4.3 　"十三节点"——城市绿地建设策略

城市绿廊绿道体系中"十三节点"主要由区域中的重要城市的建成区构成，包括北京、天津、石家庄、唐山、秦皇岛、廊坊、保定、沧州、张家口、承德市、衡水市、邯郸市、邢台市的建成区。为构建京津冀地区城市绿廊绿道体系，应主要从以下几方面加强城市绿地建设：

> 应构建高质量的具有一定宽度的环城林带，通过联合城郊的农田、果园、林地以及道路防护林，形成主城区绿色隔离空间，防止城市化无序蔓延，环城林带的宽度根据实际情况确定，但一般不应低于 1 000 m。

> 通过城区的河流和公路的绿化带建设，将各公园串联起来，最大限度地发挥公园绿地群体的规模效益。

> 建设楔形绿地，加强城区绿地与外围绿色空间的连通。

第7章

区域生态补偿制度研究

生态补偿机制是以保护生态环境、促进人与自然和谐为目的，根据生态系统服务价值、生态保护成本、发展机会成本，综合运用行政和市场手段，调整生态环境保护和建设相关各方之间利益关系的环境经济政策。京津冀为典型的生态过渡区，其生态压力已临近或超过生态系统承受阈值。要实现京津冀生态环保率先突破，亟须建立京津冀区域生态补偿长效机制。本章结合国家生态环境保护和生态补偿动态和需求，在理清京津冀地区生态环境保护补偿现状与实际需求的基础上，从主体确定、补偿方式、补偿资金来源、补偿标准确定依据、资金分配、资金使用、资金管理、监督考评等方面，开展京津冀地区生态补偿机制研究和案例分析，提出京津冀地区生态补偿的政策建议，为国家有关部门、京津冀地区各级政府建立综合的生态补偿机制和生态保护长效机制提供科学依据和技术支撑。

7.1 生态补偿的原理与国家框架

7.1.1 生态补偿的含义与政策范围

在不同的时期和环境下，生态补偿具有不同的含义。总体而言可以分为三种：自然生态补偿、对生态系统的补偿以及促进生态保护的经济手段。自然生态补偿是指生物有机体、种群、群落或生态系统受到干扰时，所表现出来的适应能力或者恢复能力。对生态系统的补偿是指人们通过采取措施对生态系统质量或功能的维持行为，特别是对生态用地的占用补偿。作为促进生态保护的经济手段则是一种以保护生态服务功能、促进人与自然和谐相处为目的，根据生态系统服务价值、生态保护成本、发展机会成本，运用财政、税费、市场等手段，调节生态保护者、受益者和破坏者经济利益关系的制度安排。

作为促进生态保护的经济手段，生态补偿具有不同的政策范围。狭义的理解是生态（环境）服务功能付费（payment for ecological services or payment for environmental services，PES），指生态（环境）服务功能受益者对生态（环境）服务功能提供者付费的行为，这也是有关国际组织和发达国家生态补偿的基本含义。第二种理解是"破坏者恢复""受益者补偿"，即 PPP（polluter pays principle）和 BPP（beneficiary pays principle）的概念，这是生态补偿政策的核心。广义的理解是有利于生态环境保护的经济手段，不仅包括对生态环境成本内部化的手段，也包括与自然地域环境相关的区域协调发展政策。

在我国，生态破坏恢复和生态保护受益补偿的问题都非常突出，应坚持以 "破坏者恢复"和"受益者补偿"为核心，适当扩充生态补偿外延，从正反两方面建立生态补偿制度。我国排污收费制度已经比较完善，"污染者付费"（polluter pays principle，PPP）已经成为通行原则，国家在"十二五"期间建立排污权的有偿取得和交易制度，"使用者付费"（user pays principle，UPP）原则也将在我国环境领域得到贯彻，这将为我国生态补偿制度的建立提供平行的制度参考。

与其他国家相比，我国的生态环境和社会发展在以下四个方面具有显著的独特性。一是我国生态环境的区域差异非常显著，东中西部自然条件的巨大差异要求从环境经济政策、环境管理体制和区域发展战略等方面做出重大的平衡，才能实现我国和谐社会的目标。二是我国生态补偿机制涉及的内容更加广泛，除了国际上通行的环境服务功能付费外，我国的生态补偿还需要解决大范围内的生态破坏修复和历史欠账问题。三是面临的历史阶段具有特殊性，我国生态补偿出现的很大原因是 20 世纪 90 年代以来，我国社会经济发生了两大转变，第一大转变是我国从计划经济向市场经济转变，彻底改变了资源低价、环境无价的局面；另一个转变是我国实行分税制，财政分灶吃饭，中央地方事权分开，导致生态环境保护责任与受益不均衡。四是我国的社会制度的核心具有特殊性，社会主义公有制的所有制结构，经营权、所有权分离的产权制度，政府对经济领域的深度介入和公众参与不足的社会制度都决定了我国生态补偿面临着独特的环境。

7.1.2　国家生态补偿政策总体框架

我国生态补偿机制的框架需要针对不同尺度上的问题，分析主要受益者范围，并针对各补偿相关主体的特点和目前或近几年可以实践的模式，筛选和设计了生态补偿的方式（图 7-1）。当然各个尺度上的政策和措施并非截然分离，许多情况下是交织在一起的，而且许多政策和措施在多个管理尺度上都具有适用性。另外，生态补偿问题复杂、涉及对象繁多，目前的研究和管理基础都不完善，需要在法律法规、组织管理、财税制度、政策制定等方面进行深入研究。

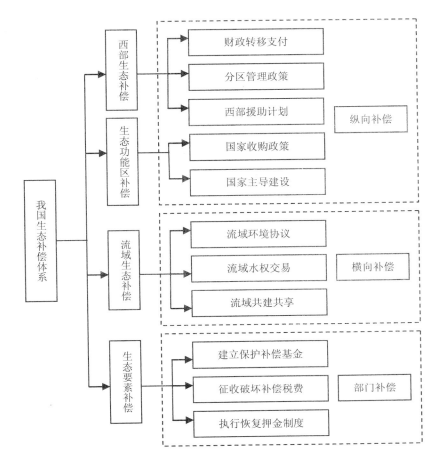

图 7-1　我国生态补偿体系框架

（1）西部生态补偿

实施西部生态补偿的主要方式是增加对西部地区的财政转移支付力度；制定有利于西部发展和生态环境保护的政策与财税制度；借鉴国际 ODA（政府开发援助）经验，制定我国西部援助计划，将东部发达省份一定比例的 GDP 作为援助额度，扶持西部发展等。同时也可以在西部地区输出的资源、能源如"西气东输""西电东送"中征收生态补偿费，专项用于西部地区的生态保护与恢复。此外，国家应对西部地区一些重要生态系统，如青藏高原、三江源自然保护区实行"生态特区"补偿政策，为中华民族的生态屏障提供长效保护机制。

（2）生态功能区补偿

这里的生态功能区主要指国家级重要生态功能区和国家级自然保护区。这两类区域生态服务功能的受益区域是全国乃至全世界，因此补偿的主体应该以国家为主。对于国家级自然保护区目前的补偿方式主要是增加保护区建设的投入，在近期应该将对保护区内原住民的生产生活损失纳入补偿范围，从长远考虑，应该逐步将国家级自然保护区的土地使用权收归国有。国家级生态功能区对维护国家生态安全具有重要意义，应该统一规划，由国家主导建设。同时，把国家级重要生态功能区和国家级自然保护区的生态补偿与主体功能区划政策相衔接。

（3）流域生态补偿

流域补偿主要解决流域上下游水质保护与受益分离的问题，通过建立流域环境协议，实施上下游对口支援、协作与补偿是比较通行的补偿方式。随着水资源的紧缺局面加剧，水权交易必将成为流域水资源保护补偿的重要途径。

（4）生态要素补偿

要素主要指生态环境的水、土、气、生等各个要素，要素补偿结合部门管理开展。重点在于三个方面，一是对保护生态环境要素的效益进行补偿，如设立生态公益林补偿基金；二是对破坏生态环境的资源开发行为征收生态补偿费；三是对可能破坏生态环境的资源开发执行严格的押金制度。

7.1.3　处理好生态补偿机制中的十个关系

基于以上考虑，建立和完善生态环境补偿机制，应正确处理好以下关系：

（1）政府与市场

生态补偿机制是一种激励生态保护与建设、遏制生态破坏行为的经济手段，在取得环境效益的同时也能取得社会效益，起到调节社会相关者经济利益的作用。在建立生态补偿的机制中，政府和市场都可以发挥作用。就目前环境保护阶段和市场经济而言，政府在建立生态补偿中的作用绝对是主要的，政府不仅要建立生态补偿机制的法规，而且在很多情况下依然是生态保护与建设的主要"埋单"人，如建立生态补偿专项资金。只有在一些受损方和受益方十分明确的前提下，才可以充分发挥市场在建立生态补偿中的调节作用。

（2）中央与地方

根据《环境保护法》，环境保护的责任主要在地方。因此，建立鼓励生态保护行为的生态补偿机制的主要责任也在地方政府。中央政府主要是为地方建立生态补偿机制提供政策导向、法规基础，同时引导建立一些全国性的、区域性的、跨省流域的生态补偿机制。在一些主要依靠财政支持的生态补偿中，要发挥中央和地方财政的双重作用，中央财政资金应该起到"种子基金"的作用。

（3）综合平台与部门平台

建立生态补偿机制一个重要环节就是建立补偿平台。目前，各级政府已经建立了一些行之有效的生态补偿部门平台。从运作效率来看，建立一个综合的、以政府主导的生态补偿平台是一个首选方案，如浙江省以建设生态省平台建立了覆盖全省的生态补偿机制。但是，从实际操作的角度，应该鼓励地方因地制宜采用多种形式的平台，不要过分强调建立综合生态补偿平台。在条件成熟的情况下，建立综合的生态补偿专项资金，但项目运作依然可以采用部门运作的方式，从而充分发挥综合管理部门和资源生态保护部门的积极性。

（4）生态付费与破坏补偿

在国际上，生态补偿的含义主要是对提供生态系统服务价值的付费。对于我国来说，除了大量的因提供生态服务功能价值需要补偿付费之外，还需要关注针对大量大面积破坏生态环境行为的赔偿性补偿。这是建立我国生态补偿机制中一个非常独特的问题。生态服务补偿付费是鼓励生态保护与建设的手段，而生态破坏赔偿性补偿是激励减少生态破坏行为的手段。因此，既要关注自然保护区、流域生态补偿，也要关注资源开发的生态补偿问题。

（5）"新账"与"旧账"

在建立生态补偿机制的过程中，一些地方认为对矿产资源开发历史遗留的生态破坏以及过去为下游提供的生态服务价值要给予补偿。"旧账"补偿涉及一些复杂的社会历史甚至政治问题。因此，就目前可能的机制和国家财政能力而言，要完全针对"旧账"建立生态补偿是不现实的，大部分生态补偿项目应该是为了一个共同的生态保护目标，对受损地区未来一段时期应额外投入或放弃发展的机会成本给予补偿。换言之，只有在解决完生态保护"新账"后才有可能解决这些"旧账"问题。

（6）生态补偿与扶贫

由于生态补偿的对象大多是一些相对落后贫穷的地区，因此生态补偿往往会与扶贫问题联系在一起。扶贫的目标、手段和方式与生态补偿并不完全相同。生态补偿不能等同于扶贫。生态补偿的主要目的不是解决社会公平和贫富差距问题。生态补偿不能解决收入分配的问题。此外，库区移民、生态难民、资源枯竭型城市产业转型等问题，在开始建立生态补偿机制时也不宜与生态补偿混为一体。

（7）"造血"与"输血"

在建立生态补偿机制的讨论中，许多学者都呼吁要建立"造血"型生态补偿机制。从理论上说，这种呼吁是完全正确的，但实际操作存在着许多问题。一些需要补偿的地方绝大部分是守着青山绿水而贫困的地方，因此要把生态补偿转化成为当地的生态保护建设项目，鼓励当地居民承担生态保护建设项目，通过项目真正起到提高当地居民收入的作用。生态补偿切忌采用简单的财政支付转移方式，否则往往会转移到下一级政府官员的工资单上，连基本的"输血"作用也起不到，更谈不上生态补偿的生态保护目的。对于一些直接提供生态系统服务的农牧民，采用现金补偿的形式也是可取的"输血"补偿方式。

（8）流域上游与下游责任

在流域的生态补偿机制中，关键的是上、下游的责任关系界定问题。一般来说，不能简单地上游要求下游给予生态补偿。上、下游都负有保护生态环境的责任，有执行环境保护法规的责任。因此，上、下游要建立"环境责任协议"制度，采用流域水质水量协议的模式，下游在上游达到规定的水质水量目标的情况下给予补偿；在上游没有达到规定的水质水量目标，或者造成水污染事故的情况下，上游反过来要对下游给予补偿或赔偿。

（9）补偿标准与协议补偿

在建立生态补偿机制中，生态补偿标准还是一个有争议的问题。理想的情况是，根据生态服务价值评估或者生态破坏损失评估建立生态补偿标准，但这往往会招致补偿方的质疑和反对，而且补偿方有时也会给出截然不同的估算。在这种情况下，生态补偿问题的本质就是接受补偿的意愿和支付补偿的意愿之间的协商平衡问题。因此，采用双方"讨价还价"的形式达成"协议补偿"要比根据理论价值估算确定补偿标准更加可取。

（10）政府资金与社会资金

任何生态补偿机制的建立最终都要涉及筹集资金的问题。筹集资金的渠道可以是政府财政资金，也可以是社会资金。从目前地方的实践来看，政府资金在建立生态补偿机制中起到了主要的作用，尤其是像浙江、福建、江苏这样一些经济发达地区。要根据生态保护的事权责任关系建立生态补偿机制的融资渠道。对于一些受益范围广、利益主体不清晰的生态服务公共物品，应以政府公共财政资金补偿为主；对于生态利益主体、生态破坏责任关系很清晰的，应直接要求受益者或破坏者付费补偿。

7.2　京津冀生态环境补偿机制和基础

7.2.1　国外公共支付与市场机制的互为补充模式可供京津冀借鉴

生态补偿，国际上定义为"生态系统服务付费"（payment for ecological service，PES），在过去的十年，PES 项目迅速增加，现在有超过 300 个项目在世界范围内实施，涉及地方、区域和国家范围，这些案例可以归纳公共支付和市场补偿两种类型。对于在国家生态安全中占有重要地位的补偿计划一般由联邦政府承担大部分的补偿责任，如美国政府主导下的土地休耕计划，法国、马来西亚的林业基金，国家财政拨付占有很大比重；对于维护区域性生态安全同时可以理清各州政府责任的保护项目中，各州政府之间横向转移支付也发挥了很重要的作用，如德国的横向转移支付体系。对于保护权责比较清晰的情况，在政府搭建平台基础上，市场机制发挥了重要的作用，如纽约与上纽约地区通过协商治理和保护水源地的案例。

从国际经验看，尽管政府在生态补偿中起主导作用，但市场手段和经济激励政策在提高生态效益方面，可以作为政府管制的有效补充。政府在生态补偿机制的建设中发挥着裁判员和计算器的作用，重大事项拟定规则，具体由地方政府实施，并且为市场机制搭建充分的协商平台，通过各种渠道筹集生态补偿资金，统一用于生态补偿。政府机制与市场手段的互为补充，在生态补偿工作中发挥了非常重要的作用，值得我国学习借鉴。此外，在公共支付模式中，政府购买不是唯一的方法，也可以更多地发挥社会团体和公众的力量，作为政府购买的有力补充。

7.2.2　国外流域生态补偿的做法与经验

国外的实践案例大多数是为了保护水资源预先采取措施进行补偿，也有少数水质污染后再补偿的做法。本章分别选取了水源地保护类型的法国维特尔市的水源地生态补偿、美国卡茨基尔流域的水源地保护补偿和水质保护类型的德国易北河跨境流域生态补偿案例进行分析，为我国实施流域生态补偿制度提供借鉴。

7.2.2.1　典型案例

（1）美国卡茨基尔流域水源地清洁供水交易

美国是当今世界的经济大国，在经历了传统的工业发展道路之后，也面临着生态环境保护的许多问题，需探求兼顾环境保护与经济发展的科学途径，因此，美国是世界上较早探索流域生态补偿制度的国家之一，其典型案例是纽约市与上游卡茨基尔流域（位于特拉华州）之间的清洁供水补偿与交易机制。

背景：纽约市约 90% 的用水来自上游卡茨基尔和特拉华河。20 世纪 90 年代末，美国环保局为保证来自地表水水源的城市有清洁供水，要求在所有水质不达标的地区均要建立水过滤净化设施。纽约市估算出若建立新的过滤净化设施，需要投资 60 亿～80 亿美元，加上每年运行费用，则费用至少为 63 亿美元/a。而如果对上游卡茨基尔流域实施生态补偿，在 10 年内投入 10 亿～15 亿美元来改善流域内居民的土地利用和生产方式，水质就可以达标。

实施过程：经过协商，纽约市决定实施清洁水项目，通过投资购买上游卡茨基尔流域的生态服务，投资项目主要针对上游农民的生产方式，具体包括农业休耕服务、土地认购、森林和水资源保护以及当地工人的培训等。由环保专员负责组织当地农民，了解当地农民生产中存在的问题及需求，并向农民介绍清洁水项目可以带来的惠益。补偿标准遵循责任主体自愿原则，借助竞标机制确定。补偿资金来源于对用水户征收的附加税、发行纽约市公债及信托基金等，值得一提的是，纽约市充分考虑到了下游地区的利益，在资金补偿方面表现得十分慷慨。

实施效果：最终当地93%的居民同意加入该补偿项目。通过补偿项目的实施，经环保部门定期巡检和抽样测试发现，纽约市的自来水是清洁的、可饮用的，补偿项目最终达到了预期效果。该补偿方案为纽约市节省了数亿美金，同时为上游居民带来了健康的生活环境，产生了良好的正面效应。

（2）法国维特尔市的水源地经济补偿

在国际文献中，维特尔案例被作为一个"理想"的生态补偿模型进行研究。研究分析本案例，将对我国的生态补偿提供有益的指导。

背景：该"流域"位于法国东北部维特尔市，"下游"是一个出产清洁矿泉水的喷泉，该喷泉位于一处私人置地中，矿泉水所有者是水生态服务的直接受益者且利益可观，上游仅有27家农户的居住社区。该矿泉水于1882年首次装瓶进行商业化出售，由于其珍贵的健康价值而获得了法国政府的官方支持。100多年来，喷泉的所有者预测到，上游不断改变的农业耕种模式最终会增加蓄水层中的硝酸盐含量，因此他们通过接触上游小的农业社区，激励他们改进农业管理来解决这个问题。

实施过程：喷泉所有者对水环境状况和当地社会文化背景进行了详细评估，认识到必须与上游达成自愿且具有激励性的协议。补偿主体比较容易界定，泉水所有者为直接受益者，上游利益相关方为流域仅有的27家农户。受益方聘请了一个农业方面的专家作为中介，与上游利益相关方进行了长达3年的谈判，此后又持续进行了10年之久。补偿标准是由中介代表受益方与27户农户就减少蓄水层影响成本进行协商，核算资金包括现金成本、培训成本和其他输入成本等内容，涵盖了农民5年内的任何成本损失。

实施效果：最终达成的方案不存在统一计算公式，各个农户的补偿标准都不相同，包括减轻农民的土地债务、为农民的田间堆肥提供免费劳动、采购新设备（150 000 欧元）以及在过渡到绿色农业过程中提供200 欧元/（hm² · a）的补偿，以涵盖5年内的任何损失。合约期限为18～30 年。经过后期对装瓶的矿泉水进行跟踪监测，发现水质安全可靠，对农民实施生态补偿达到了预期效果。

（3）德国易北河跨境流域生态补偿

德国是欧洲开展生态补偿比较早的国家之一，其实施生态补偿的范围主要是针对自然环境、生物多样性和农业种植土地以及森林受到影响或者破坏等进行的，一些计划和实施措施是在欧盟的框架之内完成。在德国的流域生态补偿实践中，比较成功的例子就是易北河的生态补偿政策。

背景：易北河是中欧地区主要航运水道之一，贯穿两个国家，上游在捷克，中下游在德国。20世纪90年代末期，因航运繁忙及沿岸特别是上游地区大量生活用水直排入河，导致易北河水质日益下降。1990 年后德国和捷克共和国达成共同治理易北河的协议，成立双边合作组织。目的是长期改良农用水灌溉质量，保持流域生物多样性，减少流域两岸排放污染物。

实施过程：补偿实施时首先双方出资成立行动计划组、监测组、研究小组、沿海保护小组、灾害组、水文组、公众组、法律政策组 8 个专业小组，以落实生态补偿政策，建立数据共享网络，研究保护环境的技术手段，解决环境灾害污染事故和公共宣传。补偿资金来自财政贷款、研究津贴、排污费、下游对上游的经济补偿等。

实施效果：根据双边协议，德国政府投资 1 000 万马克，在靠近德国边境的莫斯特和特普利采两座捷克城市建造污水处理厂，并在易北河流域建立了 7 个国家公园，流域两岸建立 200 个自然保护区，禁止在保护区内从事影响生态保护的活动。经过一系列政策的实施，易北河上游水质已基本达到饮用水标准。

7.2.2.2　对我国的启示

国外在开展生态补偿实践时通常遵循 6 个原则：①因地制宜，循序渐进；②经济损失决定补偿成本；③上游影响下游；④预见问题，事先补偿；⑤优先采用新技术；⑥谈判优于诉讼。通过分析，有以下几点经验可供我国流域生态补偿实践借鉴：

第一，健全的水资源管理体制有利于流域生态补偿机制的成功实施。在德国，根据宪法各州均需拟定水资源管理的地方法律，各级政府也设有专职机构履行水资源保护职能，因而形成了明确的分权管理模式。

第二，生态补偿目标的实现都不是制定单一政策就可以达到的，必须配合其他相关政策的调整，如卡茨基尔河案例中涉及的税费调整政策等。

第三，明确责任主体，由流域上下游政府之间协商确定补偿方式和补偿标准，涉及的利益相关方相对较少，范围较小，补偿易于实施；设定补偿标准时通过投入产出分析明确能够实现效益最大化的补偿标准，使补偿结果科学并可接受。

第四，实施生态补偿时需打破行业限制，多家社会组织共同参与，提供技术援助及建议，这样容易形成成熟的协商机制，在政策实施时能够真正反映各利益相关者的立场。

第五，在补偿实施过程中充分重视上游责任主体的利益，通过资金补偿等措施增强上游居民的责任意识，以激励上游居民采取有利于环境保护的友好型生产方式，从源头上改善当地流域水质。

第六，多方筹集生态补偿资金在整治河流的过程中十分关键。德国政府通过对企业和居民征收排污费等方式拓宽生态补偿资金渠道，用于两国的污水处理设施建设，有助于两国均衡的利益格局形成，保证补偿的公平公正，促进两国之间的积极协作。

7.2.3　生态补偿政策在国家环境保护中的作用日益突出

随着生态环境问题的凸显、我国经济财政能力不断提高、国民对生态环境问题的认识和关注在提升，国家对生态补偿的重视程度越来越大，在国家宏观战略和政策的制定上，多次强调要建立和完善生态补偿机制。特别是 2005 年 12 月《国务院关于落实科学发展观　加强环境保护的决定》（国发〔2005〕39 号）印发以来，党中央、国务院多次在有关文件中明确要求建立生态补偿机制，每年的国务院工作要点均提到要建立生态补偿机制，2011 年 10 月国务院发布的《关于加强环境保护重点工作的意见》（国发〔2011〕35 号）提到"加快建立生态补偿机制和国家生态补偿专项资金，扩大生态补偿范围"。该文件是指导当前和今后一个时期环境保护工作的纲领性文件，是落实科学发展观、推进生态文明建设的重大部署。2013 年 11 月，党的十八届三中全会审议通过的《中共中央关于全面深化改革若干重大问题的决定》对建立生态补偿机制提出明确要求，指出"完善对重点生态功能区的生态补偿机制，推动地区间建立横向生态补偿制度。发展环保市场，推行节能量、碳排放权、排污权、水权交易制度，建立吸引社会资本投入生态环境保护的市场化机制，推行环境污染第三方治理"。《环境保护法》（2014 年 4 月 24 日修订）第三十一条明确规定："国家指导受益地区和生态保护地区人民政府通过协商或者按照市场规则进行生态保护补偿。"我国生态补偿政策建设体系正在逐步完善。

根据《国家重点生态功能区转移支付办法》（财预〔2011〕428 号）、《2012 年国家重点生态功能区转移支付办法》（财预〔2012〕296 号）等文件精神，财政部已对全国512 个县（市、区）在内的重点生态功能区实施转移支付，形成了国家重点生态功能区的生态补偿机制。2011 年，环境保护部还会同财政部制定出台了《国家重点生态功能区县域生态环境质量考核办法》（环发〔2011〕18 号），采取地方自查与中央抽查相结合的方式进行定期考核，将转移支付资金拨付与县域生态环境状况评估结果挂钩，确保资金有效发挥应有的效益。环境保护部会同发改委、财政部印发的《关于加强国家重点生态功能区环境保护和管理的意见》（环发〔2013〕16 号）也指出："鼓励探索地区间的横向援助机制，生态环境受益地区要采取资金补助、定向援助、对口支援等多种形式，对相应的重点生态功能区进行补偿。"2014 年，环境保护部又会同财政部印发了《国家重点生态功能区县域生态环境质量监测评价与考核指标体系》（环发〔2014〕32 号），对考核指标进行了修正和完善。

7.2.4　国家积极参与酝酿制定流域生态补偿政策

随着国家对生态补偿机制建设越来越重视，我国已有 20 余个省（市、区）相继出台了流域生态补偿政策，国家也在积极开展流域生态补偿试点，流域生态补偿逐步成为国家以及地方流域水污染防治的重要长效机制。

7.2.4.1　国家层面的试点

国家正在努力尝试突破跨省生态补偿的难点，基于水质的跨省流域生态补偿已经试点并取得了一定的成效，目前正在尝试以重点生态功能区为抓手探索能够维持流域生态系统健康发展的跨省生态补偿机制。

（1）新安江跨界水质生态补偿试点经验

背景：新安江流经皖浙两省，是安徽省境内仅次于长江、淮河的第三大水系，也是目前全国为数不多的健康河流之一。新安江总长 359 km，干流的 2/3 在安徽境内，是浙江省千岛湖以及钱塘江的优质水源，占千岛湖入湖总量的 68% 以上。近年来，千岛湖水质出现逐渐恶化的趋势，引起了国家相关部门的高度重视。为了保证地区发展和安全用水，2009 年，财政部和环境保护部计划在浙皖两省实施新安江流域水环境补偿试点工作，2010 年 12 月，新安江流域作为全国首个跨省流域水环境补偿试点正式启动，财政部下发了安徽省黄山市新安江流域生态补偿机制试点启动资金 5 000 万元，重点实施流域生态补偿保护建设规划、生态治理及水源地保护治理、水质自动站建设、农村面源污染治理、农村环境综合治理等方面的 6 个项目。

实施过程：2011 年 9 月，由财政部、环保部牵头制定试点实施方案，由中央财政和安徽、浙江两省共同设立新安江流域水环境补偿基金，资金额度每年为 5 亿元，资金来源分别为：中央财政投入 3 亿元，安徽、浙江两省分别出资 1 亿元，以街口断面水污染综合指数 P 值作为上下游补偿依据，补偿资金专项用于新安江流域产业结构调整和产业布局优化、流域综合治理、水环境保护和水污染治理、生态保护投入及发展机会成本补偿等方面，由环保部推动两省签订环境补偿协议。

实施效果：政策实施以来，污染治理标本兼治效果初步显现，水环境质量保持稳定，P 值连续两年小于 1，初步实现了《新安江流域水环境补偿试点实施方案》中确保新安江水质稳定达标的目标。

经验总结：新安江流域水环境补偿试点为我国跨省生态补偿迈出的重要一步，是典型的跨界水质生态补偿模式，能进一步补充重点流域水污染防治规划的实施考核，有利于进一步落实水污染防治目标经济责任制，促进流域水质改善、流域和谐发展和流域健康发展。第一，补偿双方利益关系较为明显。新安江流经省份仅有安徽和浙江两省，上、下游之间关系明晰，以补偿系数 P 值作为上、下游补偿方向的依据易于判断利益关系，并符合"谁污染谁治理，谁受益谁补偿"的生态补偿原则。第二，以水质为抓手可操作性强。依据跨省断面水质达标程度核定生态补偿标准，有利于进一步落实水污染防治目标经济责任制。第三，形成了以专项资金为主、全社会融资的资金渠道，资金来源稳定。

以专项资金补偿作为主要的生态补偿形式，一方面保证了项目落地，另一方面吸纳了社会资金的投入，实现了全社会的共同参与。第四，完善的监测机制与资金管理体系为政策实施提供了保障。具有一套完整全面的水质监测方案，对水质监测流程及上下游省份的责任具有明确规定，保证水质监测有章可循。对补偿资金实现分账核算，专款专用，推行县级财政报账制，有效规范了资金使用。

（2）基于重点生态功能区的生态补偿经验正在探索

财政部从 2008 年起在均衡性转移支付政策下制定了国家重点生态功能区转移支付措施，通过明显提高转移支付补助系数的方式，加大对青海三江源、南水北调中线及国家限制开发的其他生态功能重要区域涉及的 451 个县的转移支付力度。2011 年，财政部正式印发了《重点生态功能区转移支付办法》（财预〔2011〕428 号），2012 年又印发了《2012 年国家重点生态功能区转移支付办法》（财预〔2012〕296 号），支付力度进一步加大，支付办法和范围更加明确，重点生态功能区转移支付全面展开，范围涉及全国 452 个县（市、区），形成了对国家重点生态功能区的生态补偿机制。在此背景下，环保部提出基于重点生态功能区的生态补偿思路，即以流域生态系统的完整性和服务功能的重要性为依据，将整个流域源区作为重点生态功能区，按照"谁保护，谁受益"的基本原则探索建立生态补偿机制，实现流域生态系统健康发展。

这种思路一方面可以将跨省的复杂问题简单化，通过帮助实现重点生态功能区环境与经济的协调发展，来稳固下游的水质安全，提高了下游补偿的积极性与主动性；另一方面如果试点地区能够上升为国家级重点生态功能区，根据《国家重点生态功能区转移支付办法》等国家关于重点生态功能区的有关政策，既能够对重点生态功能区的产业布局、产业发展、生态保护等统筹安排提供指导，又能够拓宽流域生态补偿资金的渠道。

（3）跨流域调水生态补偿机制初探

跨流域调水的主要特点是受水区和水源区不属于同一省际、同一流域，其生态补偿问题是制约调水工程社会经济效益发挥的关键因素。国内对跨流域调水生态补偿问题，特别是对南水北调中线工程的生态补偿问题非常关注，很多学者和专家都进行了初步探讨，也是每年两会期间的热点话题，但是实质性的实施一直没有开展。

2013 年 3 月，国务院批复了《丹江口库区及上游地区对口协作工作方案》，支持南水北调中线工程受水区的北京市、天津市对水源区的湖北、河南、山西等省开展对口协作，将跨流域调水生态补偿真正纳入实施阶段。以保水质、强民生、促转型为主线，坚持对口支援与互利合作相结合、政府推动与多方参与相结合、对口协作与自力更生相结合，通过政策扶持和体制机制创新，持续改善区域生态环境，大力推动生态型特色产业发展，着力加强人力资源开发，稳步提高基层公共服务水平，不断深化经济技术交流合作，努力增强水源区自我发展能力，共同构建南北共建、互利双赢的区域协调发展新格局。

该项政策是对非资金补偿方式的有益探索，实施以中央政府为主导的政府补偿，具有政府行政权力的保障，稳定性高，采用产业扶持政策等手段，建立流域资源共享、生态共保的多渠道、多形式的补偿机制，促进水源区可持续发展，有效确保了生态补偿政策的长效稳定。

7.2.4.2　地方层面的试点

地方主要从水源地保护经济补偿和跨界水质生态补偿两方面开展实践，形成了具有区域特色的生态补偿模式，有效促进了流域治理力度和流域水质改善。

（1）水源地保护经济补偿

水源地保护经济补偿是为了改善水源地生态环境、维持水源地的生态系统平衡、维护水源地的生态系统服务功能，以经济手段为主激励水源地的生态保护与建设，遏制生态破坏行为，调整水源地相关利益方生态及其经济利益的分配关系，促进地区间的公平和协调发展的一种制度安排。在大多数情况下是发达地区对欠发达地区的一种经济补偿，以此补偿欠发达地区牺牲经济发展来保护生态环境。在我国流域生态补偿实践中主要通过专项资金、异地开发、水权交易等模式来实现。以京冀地区的水源地保护协作为例来分析：

背景：北京市是我国的政治、经济、文化中心，用水高度集中，供水保证率要求高，但是北京地区人均水资源严重不足，属重度缺水地区。北京市的主要地表水水源地为密云水库和官厅水库，水源地大部分位于河北省的张家口和承德地区。长期以来，为了保证下游的水质水量，该地区严禁建设污染水源的项目，尽力为首都提供优质水源，但这在一定程度上影响了该区域的发展，形成了生态保护与经济发展之间的尖锐矛盾。

实施过程：京冀两地于 2006 年签署《北京市人民政府河北省人民政府关于加强经济与社会发展合作备忘录》，提出京冀两地分两期合作实施密云、官厅水库上游承德、张家口地区 18.3 万亩水稻改种玉米等低耗水作物的节水工程，北京市按照每年每亩 450 元的标准给予"稻改旱"农民经济补偿。2008 年起，补偿标准提高到每亩 550 元。

实施效果：工程实施以来，取得了显著的节水效益和水环境效益，两县每年共计节水 4 376 万 m³，五年共计节水 2.2 亿 m³，节水效果非常明显。为了保护密云水库水源地，减少了化肥、农药施用，水质维持在 II 类水平，密云水库入库水质水量有效增加。京冀之间的横向财政转移支付是我国水源地保护经济补偿的典型模式。补偿的实施以区域公平为出发点，由受益者出资为保护者打造替代产业，实现了"输血式"补偿与"造血式"补偿相结合。将生态补偿资金发放到农民手中，充分考虑了生态保护者的利益。这些措施都促进了水源地保护经济补偿的顺利开展。我国水源地保护补偿实践中由此迈出可贵的一步，对减轻中央政府的财政压力、缓解区域经济发展不平衡具有长远的意义。

（2）跨界水质生态补偿机制

跨界水质生态补偿机制的基本思路是在流域上下游达成协作共识的基础上，以跨界断面水质目标考核为主要原则，监测流域的交界断面，如果上游地区提供的水质达到目标要求，则下游地区必须向上游地区提供生态补偿，如果未达到目标要求，则上游地区必须向下游地区提供污染赔偿。地方在制定跨界水质生态补偿政策时大多配套了健全的政策措施，如资金使用与管理办法、监测方案等，为政策的实施提供了保障。目前全国已经开展的生态补偿实践中大多是这种类型，以河南省地表水水环境补偿政策为例来分析：

背景：河南省地跨淮河、海河、黄河、长江四大流域，分别占全省总面积的52.8%、9.2%、21.6%、16.4%。其中沙颍河流域是淮河最大的一条支流，涉及郑州、开封、许昌、漯河、平顶山和周口6个省辖市。2008年年底，河南省原环境保护局与财政厅颁布了《沙颍河流域水环境生态补偿暂行办法》，并于2009年2月联合印发了《河南省沙颍河流域水环境生态补偿奖励资金管理暂行办法》。这项政策取得良好的效果，2010年1月，省环保厅和财政厅又联合出台了《河南省水环境生态补偿暂行办法》，在河南省内全面实施地表水水环境生态补偿机制。

实施过程：采用"超标罚款"和"达标奖励"相结合的"双向"补偿机制。补偿金标准按照公式"（考核断面水质浓度监测值－考核断面水质浓度责任目标值）×周考核断面水量×生态补偿标准"确定，监测指标为化学需氧量和氨氮。省环境保护行政主管部门、水行政主管部门负责核定补偿标准，省财政部门会同环境保护行政主管部门进行补偿和奖励。补偿资金用于上下游生态补偿、水污染防治和水环境水质、水量监测监控能力建设以及对水环境责任目标完成情况较好省辖市的奖励等。

实施效果：2009年上半年，沙颍河流域共扣缴补偿金6 500多万元，下半年则明显下降到1 800多万元，水环境质量明显改善。2010年河南省实施地表水水环境生态补偿制度3个月已初见成效，共扣缴生态补偿金3 718万元，河南全省地表水质量得到明显改善。

相对于水源地保护经济补偿类型，跨界水质生态补偿的实践经验更为广泛和成熟，其得到成功推广表明，建立流域生态补偿制度符合当前我国流域污染防治的大背景和总体思路，以生态保护成本，水质、水量和污染治理成本为指标确定生态补偿责任主体及标准，一定程度上实现了流域生态外部正（负）效益内部化，是流域"区别而有共同"的责任机制的体现，是流域水环境保护"河长制"的经济责任延伸，建立流域生态补偿能进一步补充重点流域水污染防治规划的实施考核，有利于重点流域水污染防治规划的实施，有利于进一步落实水污染防治目标经济责任制，有利于促进流域水质改善、流域和谐发展和流域健康发展。

7.2.5　京津冀区域生态补偿制度已见端倪

（1）国家层面

近 10 年来，国家在该地区实施了"京津风沙源治理工程""退耕还林还草工程""21
世纪初期（2001—2005 年）首都水资源可持续利用规划""海河流域水污染防治规划"
等项目，北京市也围绕农业节水、水污染治理、小流域治理、水源涵养等方面与张家口
和承德两市开展了水资源利用合作和生态补偿。这些措施为净化京津水源、改善生态环
境发挥了积极作用，冀北地区沙尘天气、大风天气、大于 35℃的高温日数呈现减少趋势。
但是这些措施的直接目标只是解决生态问题，一方面，虽然国家或京津投入了这些生态
建设工程，但工程管护还基本依靠地方投入，成为地方财政的一大负担；另一方面，单
纯针对生态恢复，没有产业替换措施，一旦政策结束或停止，生态环境还会再次遭到破
坏，补偿很难持续进行。

（2）省际层面

上述京冀地区水源地保护协作的成功案例表明，京冀之间的横向财政转移支付在我
国生态补偿实践中迈出了可贵的一步，减轻了中央政府的财政压力，对缓解区域经济发
展不平衡具有长远的意义。但是，由于我国生态补偿体制、财政体制等还需不断完善和
融合，省际间谈判和博弈的历程十分艰辛，运行成本较高使地方政府间往往止于谈判，
无法建立起一个有效协调利益相关方关系的省际合作机制。京冀之间的合作，可以说具
有生态补偿的性质，但并没有真正以生态补偿的名义，还需区际之间在政策观念上进一
步融合和深化。

根据有关资料，河北省 2014 年又新增了平泉等 9 个县区纳入国家重点生态功能区
财政转移支付。

7.2.6　京津冀具有实施区域生态补偿的区位优势

京津冀之间的生态关联、经济互补、交通优势，为京津冀实施生态补偿提供了有利
条件。首先，京津冀存在着密切的生态依存关系，作为京津两地的水源地和生态屏障，
保护好河北省的生态环境需要京津冀共同努力。其次，京津冀地理位置相邻，北京市作
为我国的政治、经济、文化中心，天津市作为北方经济中心的发展定位，对河北省具有
很强的辐射和带动能力。京津两地城市建设发展迅速，城市规模不断扩大，人口密集，
消费市场广阔，为河北省发展科技成果转化基地、优质农产品加工供应基地、劳务输出
基地、休闲旅游基地等提供了战略机遇。最后，经济全球化推动区域经济一体化，京津
冀的交通发展不断加快。这些都为建立区域生态补偿制度提供可能。

7.3   京津冀生态环境补偿制度基本框架

7.3.1   指导思想

以科学发展观为指导，以保护京津冀生态环境、促进人与自然和谐发展为目的，依据京津冀地区的生态系统服务价值、生态保护成本、发展机会成本，把积极探索生态补偿机制作为体制机制创新的重要环节，力争通过生态补偿，使京津冀地区的自然生态保护能力、生态系统服务功能、可持续发展能力明显增强，有效解决生态保护与民生改善、区域发展间的矛盾，促进经济社会协调发展，为京津冀地区探索出一条保护与发展的双赢之路。

结合国家生态环境保护和生态补偿动态和需求，在厘清京津冀地区生态环境保护补偿现状与实际需求的基础上，从主体确定、补偿方式、补偿资金来源、补偿标准确定依据、资金分配、资金使用、资金管理、监督考评等方面，开展京津冀地区生态补偿机制研究，协调好中央与地方、政府与市场、生态补偿与扶贫、"造血"补偿和"输血"补偿、新账与旧账、综合平台与部门平台等相关利益群体关系，落实生态环境保护责任，探索解决生态补偿关键问题的方法和途径，提出京津冀地区生态补偿的政策建议。为国家有关部门、京津冀地区各级政府建立综合的生态补偿机制和生态保护长效机制提供科学依据和技术支撑。

7.3.2   基本原则

生态补偿除了依据"破坏者付费、使用者付费、受益者付费、保护者得到补偿"的基本原则以外，在设计京津冀地区生态补偿制度时，还应遵循以下原则：

（1）循序渐进，先易后难

应立足于现实，着眼解决实际问题，因地制宜选择生态补偿模式，不断完善政府对生态补偿的调控手段和政策措施，积极学习"新安江流域生态补偿"等成功案例，逐步加大补偿力度，由点到线再到面，努力实现生态补偿的制度化和规范化。

（2）分区补偿，按级负责

要对各个地区进行科学评估，确定相应等级，采取不同的补偿标准和办法，按级组织实施。特别是要对张承地区、水源涵养区、地下水压采地区、粮食主产区等进行分区研究，提出相应的补偿方案和负责主体。

（3）注重科学、易于操作

京津冀地区生态补偿制度的建立需要有严谨的科学研究做基础，要对生态系统保护的科学问题有充分的认识，补偿标准和补偿方式等必须易于操作，尽可能照顾全局，兼顾特殊情况，资金来源和相关措施等有较强的可行性。同时考虑政策实施和管理的成本，争取以最小的代价换取最高的效益。

（4）政府主导，社会参与

要充分发挥政府尤其是中央政府和省级政府在生态补偿上的主导作用，包括做好顶层设计以及提供政策、资金、项目、技术和人力资源上的支持，充分发挥公共财政在生态补偿上的主导作用。同时，要积极探索生态补偿市场化的道路，引导社会各方有序参与，建立并拓宽京津冀地区生态补偿多元化的投融资渠道和市场化、社会化的运作方式，多方形成合力，共同推进生态补偿工作。

7.3.3　总体框架

京津冀区域生态补偿制度的总体思路是：围绕一个核心、确保两个目标、明确三大任务。

（1）以大力推动协调发展和生态文明建设为核心

通过实施生态保护补偿，加大生态保护和生态修复力度，加强资源开发生态监管，建立健全生态补偿制度，推进京津冀地区环境与经济协调发展，促进京津冀地区的协同发展。

（2）以确保京津冀地区生态安全、水安全为目标

基于生态系统完整性，在全面分析区域生态系统特征和生态系统过程的基础上，加大生态保护和生态建设，加快推动建立生态补偿机制，理顺受益者和保护者的权责，推动建立区域生态保护和建设的长效机制，确保区域生态安全和生态产品供给能力的持续提升。明确京津冀地区自然保护区、森林、湿地、流域等生态功能重要区域的保护任务，形成京津冀区域生态保护、环境治理、产业监管和优化的政策设计。

（3）落实生态保护、环境治理和产业转型补偿三大任务

把建立和完善区域生态补偿制度作为京津冀区域生态保护体制创新的重要环节，力争通过实施生态补偿，使京津冀地区的生态保护能力、生态系统服务功能、可持续发展能力明显增强，保护与发展的矛盾得到缓解，逐步建立反映市场供求和资源稀缺程度、体现生态价值和代际补偿的生态补偿制度。

7.4　京津冀生态环境补偿重点领域和政策建议

7.4.1　以流域为载体构建跨省生态补偿机制

北京和天津境内的河流，如大清河、子牙河、潮白河、永定河等，都是流经或发源于北京，且京津冀的水资源紧缺问题突出，因此，以流域为载体构建跨省生态补偿机制符合京津冀各地区的共同诉求。以行政区域为主体，以水资源为载体，按照"谁受益谁补偿"的原则，确定河北省在生态保护中的贡献及中央、北京、天津在生态治理中的成本共担，探索多种形式的受益者补偿方式，通过因从上游地区额外获得生态利益的行为进行买单，达到改善上游地区的生态环境、缓解上游地区经济发展落后状况的目标。

基于上游地区生态功能状况以及人类活动的压力程度，对其进行生态功能重要性分区和生态安全格局设计，划分流域生态补偿范围的优先级别。根据上游地区提供丰富的生态服务功能以及对经济不断增长的发展需求，在上游地区确保水质水量稳定的基础上，由中央、北京、天津补偿上游地区的直接投入并弥补机会成本损失。待水质长期稳定达标后，基于京津冀已经达成的合作基础，由三方协商确定水质水量应该达到的控制目标，水质达标时，由中央、北京、天津对上游地区进行补偿，水质不达标时，上游地区应该对北京、天津进行补偿。补偿标准建议以上游地区的直接投入及机会成本损失为参考，主要由补偿三方自愿协商实现合理的生态补偿，以达到发展与保护的平衡点。

在这方面，环境保护部环境规划院已经提出补偿方案，国家水专项专门设立"跨省流域生态环境补偿与经济责任机制示范研究"课题，开展于桥水库库区及其上游生态环境补偿方案设计。建议尽快启动引滦工程于桥水库及上游跨省水环境生态补偿。

7.4.2　建立跨省和省内跨行政区断面水质生态补偿机制

根据流域水污染防治规划，或者上下游政府达成的跨界断面水质目标协议，以跨界断面水质达标程度或污染物排放量为依据，科学核定生态补偿金额，明确补偿资金使用方法和范围，最后对补偿效果进行评估。

结合我国流域水环境现状，继续推进新安江流域水环境补偿试点，选择东江、西江、滦河等开展跨省流域生态补偿试点，同时，深入推进九龙江流域、沙颍河、子牙河等省内流域生态补偿试点，落实关键环节，进行效果评估。总结试点经验，为我国建立跨界（省和省内跨行政区）流域水质生态补偿机制提供参考。重点开展流域水质水量现状评估、选取考核因子核算补偿金额、因地制宜选择补偿方式和流域生态补偿实践效果评估等工作。

7.4.3　深入推进水源地等高功能水体保护的经济补偿机制

充分考虑流域生态系统的特点，从流域生态安全的角度出发，以水源地生态环境保护投入和经济社会发展需求为基础，构建保护与激励并行的制度措施，建立流域水源地与其他地区协作互惠的生态补偿机制，相互补充，共同发展。

"十二五"期间推动开展赤水河、于桥水库、东江湖、三峡库区等流域生态补偿试点，"十三五"期间，在总结试点经验的基础上，在我国东、中、南等地区全面推开水源地等高功能水体保护生态补偿机制。重点开展水源地生态功能分区，划定生态补偿范围，核算生态保护投入与经济发展需求，明确生态补偿资金以及因地制宜选择补偿方式等工作。同时强化补偿方式落实情况与实施效果评估，做到奖惩分明。

7.4.4　以生态与发展利益共同体为突破口探索多样化补偿方式

（1）生态建设共建共享

生态建设具有投资大、周期长、风险高、直接经济效益低、社会效益高等特点，属于典型的公益事业。因此外溢性、公用性基础设施建设，以及关系到京津冀可持续发展的生态建设，应通过专项资金的方式实现京津冀的共建共享。专项资金由京津冀三方政府财政资金拨付形成，拨付比例应该综合考虑三地人口规模、财力状况、GDP 总值、生态效益外溢程度等因素来确定。

（2）培育生态型产业

根据河北的自然资源组合优势，产业发展方向应该定位在节水型种植业、商品性畜牧业和防护性林果业的生态农业，以及以资源节约型、清洁生产型为特征的新型工业和现代服务业。因此，一是通过有力的投资诱导政策和技术扶贫政策，鼓励京津的清洁技术和生态型产业转移扩散到河北地区；二是对河北现有产业向节水、生态、环保型转变造成发展权损失，如河北引进推广低耗水作物种植、灌区节水改造、封山禁牧后的资金补偿等所需费用，由京津两地以专项支持或补助的形式给予补偿。

（3）实施异地开发

流域"异地开发"主要针对上游地区不能布置污染项目，需要下游地区提供一定的发展空间。异地开发的原始范本是浙江省的"金磐模式"，但与"金磐模式"不同的是，京津虽然经济发达，但地域空间受限，区域生态环境容量饱和，且不属于同一行政辖区内，完全照搬"金磐模式"不具有可行性。因此，建议利用协调发展北京产业结构调整和非核心功能疏解机遇，在河北唐山、秦皇岛、沧州等沿海、交通便利地区建立联合开发区，北京、天津出资金，唐山等地辟出土地，河北北部生态保护地区参与经营，通过联合异地开发，形成产业集聚，三方合理分享受益。

7.4.5 引入市场机制拓宽生态补偿资金渠道

（1）实施排污权有偿使用和交易

在京津冀统一试行排污权交易制度，推进排污权指标有偿分配使用制度，树立环境是资源、是商品的理念，充分发挥市场对环境资源的优化配置作用，积极探索和推进环境资源的价格改革，构建环境价格体系。同步建立排污权二级市场和规范的交易平台，全面推行排污权交易试点，在严格控制排污总量的前提下，允许排污单位将治污后富余的排污指标作为商品在市场出售，形成企业在区域总量控制下的市场进入机制，促进排污者的生产技术进步。

（2）建立京津冀水权交易

京津冀应尽快实施对水资源的统一市场化管理，通过水市场的作用达到上下游共同投入、保护水质的目的。一是跨区域水权的初次分配。根据人类对水资源的生活、生产及生态环境用水的需求确定总量指标，界定历史和现状用水，确定用水户从事经济活动的基本用水权。按照区域协调发展的原则，河北地区优先分配水权，京津地区通过在市场上购买水权来满足用水需求。二是建立准市场运作的跨区域水权市场。在水资源统一管理的前提下，建立政府宏观调控、各地区民主协商、准市场运作的运行模式。

（3）创新京津冀生态环境保护融资手段

尽快开征生活垃圾处置费，提高污水处理收费标准，利用垃圾处置费和污水处理费收取权质押贷款等试点，探索对新建环保项目推行 BOT、TOT、基础设施资产证券化（ABS）等多种社会融资方式，促进饮用水、污水处理等具备一定收益能力的项目形成市场化融资机制。积极促进企业发行债券融资，吸引国家政策性银行贷款、国际金融组织及国外政府优惠贷款、商业银行贷款和社会资金参与京津冀发展建设。以环境为依托进行资本运作，大胆尝试和探索经营城市环境的新途径，通过环境改善，促使环境资本增值，实现环境与经济的良性循环发展，谋求多方共赢。

7.4.6 注重生态环境补偿效果评估和持续改进

对京津冀生态补偿实施情况和效益进行评估。在实施情况评估中，逐步建立补偿资金与生态保护责任同步下达、权责相配的体系和制度，建立生态补偿资金绩效考核评价和审计制度，对各项生态补偿资金的使用进行严格的检查考核和审计，并建立相应的奖惩制度，使生态补偿资金更好地发挥激励和引导作用。在效益评估中，建立天—地一体化生态环境动态监控体系，统计京津冀资源、环境实物量情况，对区域生态健康状况进行评估，作为奖励惩罚机制以及下一周期补偿计划的主要依据。评估结果应及时发布，接受公众监督。

7.5　引滦于桥水库流域跨省水环境生态补偿建议

充分考虑地方的诉求，笔者认为，建立引滦于桥水库流域跨省水环境补偿机制时机已经成熟，有利于环境保护部在建立国家跨省流域生态环境补偿方面占据主动。依据环境保护部职责，建议因地制宜，把握重点，集中突破，结合重点流域水污染防治规划目标考核，优先解决引滦于桥水库流域水源保护跨省生态补偿问题。参照"跨省新安江流域环境补偿"的思路，从引滦于桥水库流域水质保护入手，坚持水质以稳定和改善为主，水量尊重历史、尊重现实的原则，建立引滦于桥水库流域跨省水环境补偿机制。同时加强上、下游之间的沟通与协调，对于争议比较大的水质问题，可以考虑过去三年水质基准值，水量以双方协商为基础，建议尽快实施引滦于桥水库流域跨省水环境补偿。为此，提出以下几点建议：

7.5.1　明确引滦于桥水库流域跨省水环境补偿的原则

（1）因地制宜，把握重点

突出引滦于桥水库流域区域特征，整体把握流域内建立生态补偿机制需要处理的关键环节，设计生态补偿方案。以保持现状水质为底线，不断完善各级政府对流域水污染防治和生态保护的调控手段和政策措施，通过流域生态环境综合整治，消除流域环境安全隐患，保障水体功能。

（2）注重实际，易于操作

补偿标准的确定既要依据科学的核算方法，更要注重实际操作，与各级政府跨界断面水质考核相结合。通过协商，取得流域上下游各利益相关者的认可。

（3）中央指导，地方协商

流域上下游省份通过签订协议明确各自责任义务。财政部、环保部对协议编制和签订给予指导，对协议履行情况实施监管。

（4）监测为据，以补促治

尊重历史和现实，以水量为基线，以引滦于桥水库流域跨省入境断面监测水质为依据，确定流域上下游资金补偿额度，补偿资金专项用于流域水污染防治。

7.5.2　厘清引滦于桥水库流域生态补偿的责任主体

引滦于桥水库流域跨省水环境补偿问题，涉及国家、天津市、河北省和上游地区四方政府责任主体；同时，流域内的相关企业和社区也有责任和义务对其影响的区域进行补偿。

（1）中央政府主要责任

一是在政策和资金上给予支持；二是为河北省和天津市搭建水环境补偿协调平台，给予指导和协调。

（2）河北省、天津市及上游地方政府的责任

除了对引滦上游给予资金和政策扶持外，河北省政府还应履行制定引滦上游生态环境保护规划和监督落实的职能。作为引滦工程的受益方，天津市有责任向上游地区提供多渠道、多方式的补偿和援助。建立跨省水环境补偿的前提就是提供稳定的优质水源，所以，上游地区政府保护生态环境、保证优质水源是其应尽的责任，并且要通过建立健全补偿机制、加强生态环境监管，把引滦于桥水库流域水源保护责任落实到人、落实到户。没有好的实施与监管制度保证，再多的资金也只是浪费。

（3）有关企业的责任

特别需要指出的是，环境治理的责任不能不分青红皂白全部由政府承担，政府的环境补偿责任不是无限的，必须切实加强矿产资源开发等对流域环境影响较大的企业履行流域环境保护与治理的责任。

7.5.3　确定引滦于桥水库跨省水环境补偿资金渠道

设立引滦于桥水库流域水环境补偿基金。中央财政和河北省、天津市共同设立引滦于桥水库流域水环境补偿基金，基准基金额度每年为 5 亿元。基金来源分别为：中央财政预算安排 3 亿元、河北省和天津市各出资 1 亿元。河北和天津分别在本省市开设引滦于桥水库流域水环境补偿基金专用账户，并各自将补偿资金划入专用账户。中央财政安排的资金根据最后核算结果分别划入天津市和河北省开设的专用账户。

7.5.4　组织好引滦于桥水库跨省流域水环境补偿的实施

在环保部的指导下，以流域跨省界断面水质、水量为依据，流域上下游省份通过协议形式明确各自职责和义务，积极推动引滦于桥水库流域上下游省市开展水环境生态补偿，保护引滦于桥水库流域水环境。为组织好引滦于桥水库流域跨省水环境补偿的实施，需落实好以下关键步骤：

> ➢　确定引滦于桥水库流域跨省断面基准水量。基准水量定为 5 亿 t/a。
> ➢　加强河北、天津两省市跨界水质监测，设定考核指标。环境保护部负责组织河北、天津两省市对跨界水质进行监测，每年 4 月初环保部会同财政部公布上一年相关监测数据。
> ➢　严格引滦于桥水库流域跨省断面基准水质标准。按照《地表水环境质量标准》（GB 3838—2002）执行。

> 津冀签订引滦于桥水库流域水环境补偿协议。河北、天津两省市结合本地区实施情况，双方共同研究起草引滦于桥水库流域水环境补偿协议，经财政部、环境保护部审定后生效。

7.5.5 加强引滦于桥水库流域上游环境监管力度

提升工业源和城镇生活源监督管理水平，建立工业企业、工业园区以及城镇污水处理厂污染排放数据库，并实时动态更新。督促各污染源明示污水排放口，防止偷排偷放。积极推广农业清洁生产技术，发展生态农业和绿色农业，加快测土配方施肥技术成果的转化和应用，提高肥料利用效率，鼓励使用有机肥。健全风险防范、预警与应急体系，加强风险源日常监管，建立可靠的预警平台，系统提升应急水平。

7.5.6 地方应在跨界水环境补偿工作中发挥主动

地方在推进引滦于桥水库流域跨省水环境补偿工作中首先要抓好的几项工作，一是做好引滦于桥水库流域于桥水库及其上游流域环境保护与生态建设综合规划，明确未来于桥水库及上游生态环境保护的资金需求；二是筛选出切实可行的、需要实施的各种生态补偿项目和资金需求；三是提出由各利益相关方组成的补偿指导委员会和实施监管和评估构架以及实施方案；四是以实施好跨界水环境补偿为契机，加强地方环保部门的能力建设，优化完善水环境监测网络体系，加快建立引滦于桥水库流域跨省水环境管理综合信息平台，全面掌握流域水环境相关基础信息，为引滦于桥水库流域跨省水环境管理决策服务。

7.5.7 加大流域生态补偿配套政策扶持力度

引滦工程上游地区的社会经济总体发展水平比较落后，同时为保护引滦水质在产业发展上受到了很大的限制，牺牲了很多发展机遇，因此在国家优惠政策中应向这类地区予以倾斜。一是建议把引滦工程上游地区列入享受西部大开发政策扶持范畴；二是建议有关部门建立生态养殖业、生态旅游业发展扶持政策，加大转移支付力度，引导库区移民和农民进行绿色生产；三是建议加大对历史遗留问题的解决力度，比如库区一次性淹没补偿用地问题；四是建议给予引滦上游地区发展高科技产业的优惠政策，助推上游地区县域经济的发展。

第 *8* 章

区域生态环境保护协作机制研究

　　体制机制不协调是京津冀协同发展的最大壁垒。体制机制障碍和政策壁垒导致京津冀三地在经济发展与生态环境保护方面"与邻为壑"，地位不平等、经济发展水平差距大，三地对环境保护的动力是各不相同的。区域内环境标准、环境执法、产业准入等缺乏协调，不能对区域内的产业结构、产业布局形成有效引导和约束。因此，需要建立有效的京津冀区域协作机制，本章从加强区域环境监管一体化，跨区域联合执法和应急协调，环境信息标准与信息共享机制提出创新保障机制；从跨区域环境管理机制、区域生态环境保护专项基金、区域生态补偿机制、区域性环保立法、统一区域环保标准等方面提出管理和政策创新要求。

8.1　健全环境管理体制

　　我国的环境管理机构隶属于当地政府，地方环保局负责的"位子""票子"都是上级政府任命、发放的，往往造成"站得住的顶不住，顶得住的站不住"，无法对"应对环境质量负责"的地方人民政府进行监督，极大地影响了环境执法的效率与效果。作为监督者，环保部门应当和地方"脱离"关系，实行垂直管理，只有这样，环境执法才有组织保障，才能避免地方保护主义的影响和干扰，从目前情况来看，地市以下环保部门实行垂直管理，还是基本可行的。

　　环保部门内部机构设置不合理，也影响了环境执法监督职能的发挥。目前，环保部门内部的设置仅从工作性质上进行块块划分，由于体制和制度不完善，各内部机构之间往往不能相互制约、相互监督。在市、县基层环保部门中，环境监测、监察、法制、管理等内部设置机构不能相互牵制，职责划分不够科学严谨，容易造成"一个部门说了算"和"推诿扯皮"现象。因此，必须改革环境管理内部机构设置，将环境管理工作的处理职能和管理职能剥离，内部监管、处理、稽查三者之间相对独立、相互制约，同时又保持三者之间的关系，这样可增强环境执法的透明度，提高执法工作的效益和社会信誉。

（1）成立京津冀生态环境保护管理机构

建立京津冀区域生态环境保护协调机制。本着三方利益平等的原则，打破行政体制的分割，以京津冀及周边地区大气污染防治协作机制为基础，承担区域内外环境保护综合协调职能。

成立京津冀区域生态环境保护管理机构。围绕京津冀区域生态建设与环境保护规划的实施，加强该地区的统筹组织、协调配合、协作攻关等；在把握全局、统一分工下，实施对本区域内跨行政单位、涉及多个部门的重大环境事项的组织协调；定期评估京津冀区域生态建设与环境保护的工作进展，实施对区域内各地各部门的环保工作考核。赋予环保部门前置审查，如对地区经济发展与建设项目的提前介入、对不符合环保要求项目的一票否决等。

建立京津冀区域环境保护的责任机制，形成各地环境管理既统一目标又分工协作的统一协调格局。进行区域环境责任分解，落实考核体系，完善环境责任追究制度。进一步充实环保工作力量，明确各部门的制度建设，建立党政一把手亲自抓、负总责、各级各部门分工负责的环境目标责任制。逐步形成政府监管、企业负责、公众监督的监管体制。

理顺环境保护执法监督管理体系，建立区域性环境保护执法联络机构，实现决策、执行、监督互动协调，责、权、利相匹配的环境保护协调机制。减少地区、部门间的行政摩擦，解决环境生态建设管理中多头、分散的问题，改进行政管理效率。

（2）建立专家研究咨询平台

建立由多学科专家组成的环境与发展咨询平台（如专家委员会、咨询研究机构，专家委员会和研究机构的主要成员，可包括区域内外有影响力的专家与大学和研究所人员），实施环境与发展科学咨询制度，研究京津冀区域生态建设与环境保护工作实施过程中遇到的困难，寻求解决方案，为京津冀区域生态建设与环境保护工作提供支持。

借助多方社会力量，发展政府、学术、企业、公众等多方面的"环境同盟军"。在政府、学术和企业之间形成良好的各方"对话"平台和"伙伴关系"，加强政府、学术、企业、公众在环境管理方面的交流和沟通，为有效解决京津冀区域环境保护群策群力。

8.2 创新环保管理机制

8.2.1 建立环境与发展综合决策机制

综合决策机制是人口、资源、环境与经济协调、持续发展这一基本原则在决策层次上的具体化和制度化。通过对各级政府和有关部门及其领导的决策内容、程序和方式提出具有法律约束力的明确要求，可以确保在决策的"源头"将环境保护的各项要求纳入有关的发展政策、规划和计划中去，实现发展与环保的一体化。建立区域综合决策机制应遵循以下原则：

（1）产生新增效益的原则

环境与经济综合决策主要体现在其"综合"特性上，它所考虑的因素要多于单项性或分隔性决策时的因素。正是因为综合决策的目的是克服分隔决策所造成的对环境的损害，因此，当实施综合决策时，自然要求环境效益得到保证。如果一个决策过程不能产生保护环境方面的应有效益，那么它不能视为成功的"综合决策"。同时，在综合决策中，经济发展的效益也应该获得提高，达到一种"双赢"的境界，这是比较全面的"综合决策"。

（2）决策成本适度的原则

又称为决策有效率原则，即由于增加了综合的过程而支出了额外的成本，这种成本必须控制在可以接受和合理的范围之内。决策的综合程度越高，它的制定过程就越复杂，以时间、人力、财力等形式表现的成本就越多，在这个意义上，综合决策有一个合理的限度，并非规模越大越好。我们不能仅仅根据需要来决定综合决策的规模，还要根据经济性原则来考虑问题。适应于这一原则，当我们考虑综合决策理论框架时，可以考虑全面一些，而当具体实施时，则要针对情况做出分类，在有限的类别中进行选择。

（3）决策参与者的多样性和代表性原则

尽管综合决策的规模可以不是很大，但参与综合决策的各主体的代表性和多样性却应予保证，否则其综合性特点和综合决策的本意不易实现。在这方面，同样可以做出分层次的安排，例如，在一个综合决策的体系中，可以有核心层、扩展层和外围层等，这样把与环境与发展综合决策相关程度不同的主体确定在适当的位置上，在不同的问题上考虑不同的代表性程度。对于那些基础性的决策规则、长远方针等问题，决策时可以选择尽可能广泛的代表性，而在若干专题性、专业性的决策问题上，可以由代表性较窄的核心层决定。

切实建立环境与经济综合决策与定期重大发展与环境问题例会机制，使环境保护成为京津冀区域协调发展的重要基点与依据。着力推行战略环境影响评价制度，实行对重大决策的环境影响评价，包括对重大经济和技术政策、发展规划以及重大经济和流域开发计划进行环境影响评价，在重大决策的研究和论证阶段，进行环境审议。对涉及经济和社会发展计划和规划、综合经济政策、产业发展政策、自然资源开发规划方案、区域开发规划等具有全局性影响的决策过程，更要加强环境综合评价。

8.2.2　建立部门间环境与发展联席会议制度

在京津冀区域内建立由国务院各相关部门和京津冀三地组成的环境与发展联席会议制度，就环境与经济重大问题进行协商对话、综合决策。它可以是少数关键部门之间的磋商和会审，也可以是很多相关部门的综合讨论，主要是为了沟通信息和进行决策。部门间联席会议应由综合经济部门和环保部门牵头，不规定会议周期，有需要就举行。例如，就计划在京津冀区域内上马的重大建设项目，在进入法律要求的环境影响评价程序之前，可以由协调机构出面召开职能部门间环境与发展联席会议，讨论总体方向性问题。平时还有很多涉及区域经济发展与环境保护的重大问题，也可通过这些联席会议进行沟通。

（1）给予环保、资源等部门提供参与综合决策的位置，即"一个席位"制度

目前各级环保部门从体制上不能参加许多政府的决策会议或无发言权。为了加强环保部门参与综合决策，各级政府在决策过程中，应适当调整制度，授予环保部门必要的发言权。各级政府在常务会、办公会、专题会等研究、讨论事关本地经济社会发展和环境保护的重大决策时，应让环保部门充分参与有关政策的制定和实施。

（2）保证环保部门对重大决策的全过程参与

对于区域和流域经济开发、城市和行业发展、生产力布局及其结构调整，以及重大建设工程等重大决策，应使相应各级环保部门提前介入、提供意见。经济和城市发展的计划应以环境保护规划为前提，改变环境保护规划附属于经济和城市发展规划的状况。

（3）实行环保部门对重大建设项目进行全过程环境管理

京津冀地区以水、生态治理为主的环保格局，要求环保部门对经济发展的重点项目进行跟踪管理，特别是坝上高原生态区、燕山山地生态区、间山盆地生态农业区以及太行山山地生态区等重要生态功能区和环境敏感区，应保持环保部门更深地参与项目的决策过程，对项目进行及时的把关会审。

8.2.3　推进规划环境影响评价制度

编制土地利用总体规划，城市总体规划，区域、流域和海域开发规划，在规划编制过程中要组织进行环境影响评价，对规划实施后可能造成的环境影响做出分析、预测和评估，提出预防或减轻不良环境影响的对策和措施，否则不予审批。编制工业、农业、畜牧业、林业、能源、水利、交通、城市建设、旅游、自然资源开发等有关专项规划，要在规划草案上报审批前，组织进行环境影响评价；对可能造成不良环境影响并直接涉及公众环境权益的规划，要在该规划草案报送审批前，举行论证会、听证会或者采取其他形式，征求有关单位、专家和公众对环境影响报告书草案的意见。在专项规划草案审

批做出决策前，先召集相关部门代表和专家组成审查小组，审查环境影响报告书。审查小组要提出书面审查意见。在审批专项规划草案时，要将环境影响报告书结论以及审查意见作为决策的重要依据。在审批中未采纳环境影响报告书结论以及审查意见的，要做出说明，并存档备查。对环境有重大影响的规划实施后，规划编制机关要及时组织环境影响的跟踪评价，并将评价结果报告审批机关；发现有明显不良环境影响的，要及时提出改进措施。

8.2.4　推进公众参与综合决策

综合决策机制高度重视公众参与的作用，公众可以通过亲身参与，及时了解掌握环境质量状况，并对政府提出建议和意见，帮助政府做出正确决策。京津冀地区要把握以人为本核心，以人民群众得实惠作为推进综合决策的首要目标，引导公众参与综合决策。对直接涉及群众切身利益的综合决策，要通过召开听证会等形式，广泛听取各方面的意见，自觉接受社会公众监督。充分利用媒体向公众宣传综合决策，使公众客观认识各类综合决策对环境可能产生的重大影响，自觉主动参与对决策的监督，成为推动综合决策的主要力量。京津冀区域各级政府和有关部门要建立健全环境信息发布协调机制，及时、准确、统一地公开综合决策信息，保障公众对综合决策的知情权、参与权与监督权。

8.2.5　落实政府环境目标责任制

按照生态文明建设的要求，研究制定有效划分各级政府在经济调节、环境监管和公共服务方面的主要职责，正确引导政府领导干部在注重经济增长速度的同时，更加注重资源节约和环境保护。逐步完善干部政绩考核制度和评价标准体系，实行领导责任制和资源环境问责制。重点将节能减排和环境保护作为考核内容，明确各级政府节能减排工作目标，建立节能减排目标责任评价考核体系，制定有关约束和奖励政策。

（1）落实环境保护责任

环境保护是各级人民政府的法定责任。要坚持党政"一把手"亲自抓、负总责和行政首长环保目标责任制。强化地方政府环境目标责任考核，不断提高环保考核在地方政绩综合考核中的权重，对关键环保目标指标考核实行"一票否决"制。各级人民政府主要领导和有关部门主要负责人是本行政区和本系统环境保护的第一责任人。各级人民政府、各有关部门要确定1名领导分管环境保护工作。各级人民政府主要领导每年要主动向同级人大常委会专题汇报环境保护工作。有关部门负责人每年要向同级人民政府专题汇报各自职责内的环境保护工作。下级人民政府每年要向上一级人民政府专题汇报环境保护工作。各级人民政府要支持环境保护部门依法行政，每年要专门听取环境保护部门工作汇报，解决存在的问题。完善各级政府实施环境保护相关规划和计划的评估机制，定期向同级人大报告各种环境保护相关规划和计划的执行情况。建立和完善地方政府对环境质量负责的制度措施，主动作为，大力调控，建立强势环境政府。

（2）强化环保目标考核

通过预警落实责任和加大考核环保指标比重，不断健全环保约束机制。大幅度强化与考核地方政府环境绩效、评估规划实施成效、反映区域环境质量变化的能力建设考核，增加质量目标的内容。考核结果作为市、县党政领导班子及其成员绩效考核的重要指标。建立环境保护和生态建设责任追究制度，对因决策失误、未正确履行职责、监管工作不到位等问题，造成环境质量明显恶化、生态破坏严重、人民群众利益受到侵害等严重后果的，依法追究有关领导和部门及有关人员的责任。

（3）强力应对环境违法行为

完善环境保护问责制，落实《环境保护违法违纪行为处分暂行规定》（监察部、国家环境保护总局令第 10 号），严肃查处失职、渎职和环境违法行为。重点查处违反环境保护法律法规、包庇或纵容违法行为、损害群众环境权益的案件，着力解决地方政府的环境违法行为和监管不力等问题。

集中开展环保专项行动后督察。对环保专项行动以来查处的环境违法案件和突出环境问题整治措施落实情况，环保重点城市饮用水水源地，已经被取缔关闭企业（生产线）停电、停水、设备拆除等措施的落实情况开展后督察，整改不到位、治理不达标的，一律停产整治。

以促进污染减排为目标，集中开展城镇污水处理厂和垃圾填埋场等重点行业专项检查。严肃查处污水处理厂建成不处理直接排污、超标排污和污泥直排等环境违法行为；彻查已建成的生活垃圾填埋场规模、防渗措施、渗滤液排放等环节。

以让不堪重负的江河湖海休养生息为目标，集中开展重点流域污染企业的专项整治。对重污染流域仍然超标排放水污染物的企业，责令其停产整治或依法关闭；对不符合国家产业政策的造纸、制革、印染、酿造等重污染行业企业进行检查，凡仍未淘汰的落后产能，依法责令其关闭；对 2007 年以来水污染防治设施未建成、未经验收或者验收不合格即投入生产使用的建设项目，责令停止生产使用。

8.2.6　环境信息公开机制

公众参与是解决环境问题的根本途径，也是"十二五"期间京津冀地区环境保护管理创新的重要内容之一。一方面，政府管理与公众行动相结合，能够增强环境保护的力量。如果每个社会成员都能够从我做起，在决策时充分考虑环境保护的要求，在行动中切实贯彻国家与地方的环境保护法律和政策，就会在全社会逐渐形成自觉的环境保护道德规范，这对于保护环境，实现京津冀区域可持续发展无疑将会具有根本性的意义。另一方面，公众参与也可能增加管理的复杂程度，特别是在首都周边地区公众对环境质量的期待值高，但市场经济下形成的"无利不起早"的观念导致公众主动参与环境保护的积极性不高，因此关键是制定政策，吸引并引导公众参与环境保护。与此同时，公众参与机制的建立有利于化解公众之间、公众与企业之间、公众与政府之间在环境领域不必要的矛盾与冲突，防范环境风险，促进本地区经济社会的和谐发展。

8.2.6.1　公众参与环境保护的必要性与可行性

（1）公众参与是京津冀区域环境管理创新的重要内容

综观世界环境管理的发展历程，公众参与是一项符合环境管理特点的富有成效的手段，在国际社会和各国的环境保护理论与实践中都具有十分重要的地位和作用。许多国际文件如《世界人权宣言》《公民及政治权利宣言》《发展权宣言》《环境与发展宣言》《21世纪议程》等都为公众参与提供了国际法依据，公众参与作为实现可持续发展的重要条件之一已成为世界各国的共识。在西方国家，公众参与环境管理已经十分普遍，如美国的《清洁空气法》为保障公众的环境管理参与权利，专门设立了"公民诉讼""司法审查"等条款。1998 年 6 月 25 日在丹麦奥胡斯经欧洲环境部长级会议通过，并于 2001年 10 月 30 日正式生效实施的《奥胡斯公约》，对公众在环境问题上获得信息、参与决策和诉诸法律的权利等内容做了具体规定。该公约集中体现了近年来国际社会在环境管理方面，倡导环境民主，加强环境管理透明度，促进公众参与决策，重视发挥公众团体在决策中的作用等一系列新理念。可以预见该公约将进一步促进缔约国公众的参与意识，并在环境保护中发挥更大的作用。国外环境管理的成功经验为京津冀地区环境管理创新提供了借鉴意义，同样，国内江苏、上海、浙江等长江三角洲地区公众参与环境保护也都开展得有声有色，无论是环境污染有奖举报还是环境信息公开都远远好于京津冀地区。国内外的经验说明下一步京津冀地区环境管理创新必须加强公众参与环境保护方面的工作。

（2）单独依靠环保部门无法完成区域环境保护任务

目前，京津冀地区环境质量有恶化的趋势，水资源严重短缺、地下水超采现象严重、城市河段水质开始恶化。面对日益繁重的环境保护工作，目前京津冀地区环境保护的组织机构尚不健全，一级环境管理机构的财政编制少，人员不足问题明显，尤其是在省、市级管理权下放后，县、乡承担的任务成倍增加，但其人员编制少，日常管理与执法能力严重不足。在这种形势下，仅靠环保部门的人员和财力难以对企业实行有效管理，必须发动广大人民群众，开展一场"群众战争"，才能应对京津冀地区日益严峻的环境形势和完成复杂而艰巨的环境保护任务。

（3）京津冀地区经济发展阶段处于公众参与的大好时机

推动公众参与环境保护的根本动力来源于两个方面：一方面是观念上的转变，即具有深层次的环境意识——环境价值观，另一方面是作为利益上的维护与追求。观念的转变需要一定的时机和条件，如较充足的物质财富，公众较高的受教育水平等。因此，人们一般认为环境保护是一种奢侈的消费，它是富人才会追求的享受。这些人衣食无忧，但仍希望自己能生活得更好，如美丽的风光享受、无灾无疾和长寿等。对于经济上比较贫困的人们，自身利益的考虑是促使其参与环境保护的主要动力。在这种情况下，人们参与环境保护的行为具有一定的针对性，以事件为导向，如果发生危害到公众的身体健康或其他利益的事件时，公众的参与就会空前高涨，而一旦事情得到解决，公众的参与就会告一段落，直到有新的事件发生。

随着生活水平的提高，公众参与环境保护的意识不断增强，可以用马斯洛的"需求理论"来解释。当人们的低级需要，如生理需求、安全需求等得到满足后，就会追求更高层次的满足，如成就感、归属感等。随着物质生活逐渐富足，促使人们从对物质的追求转移到对非物质问题的关注上来，如环境问题。因此，对于温饱型需求，只能去满足，对于小康型需求，可以选择改变方式去满足，但这两种需求本身是不可改变的，因为它们具有排他性和不可替代性。温饱型需求的群众，不能以其他的需求与之交换，除非他们先达到温饱。小康型需求的群众，对小康生活的向往也极其执着。但达到小康以后，人们对富裕的需求却可以多元化，这使得进行需求引导成为可能。

8.2.6.2 京津冀区域公众参与机制的构建及其完善

按照原国家环保总局《环境信息公开办法（试行）》与《中华人民共和国政府信息公开条例》，大力拓宽媒体、网站等各种渠道，建立环境信息公开制度，积极主动向社会公开环境法律法规、环境保护规划、环境质量状况、环境统计和调查信息、突发环境事件应急预案、主要污染物排放总量、排污许可以及企业环境状况等环境信息。通过信息披露，向公众宣传普及环境知识，提高公众环境意识，动员公众社会力量的参与投入到环境保护中，发挥公众社会力量在环境监督管理中的积极作用。

（1）完善相关法律法规

应确立保障公民能够有效行使环境知情权、检举权、参与权、司法救济权、诉讼权等各方面的权利，并使各构成部分之间在程序上互相呼应和支撑，保证环境信息的公开性和透明性以及公众获得的便利性，不断扩展公众参与环境与发展决策的途径和方式，规范各种环境行政许可公众参与的法定程序，完善涉及公民环境权的相关民事、行政诉讼制度和民事、行政赔偿制度，包括引入环境公益诉讼的制度，使公民在环境权利受到损害时及时获得法律救济；同时，在完善相关法律制度时我们也应当注重公众在法律制度制订过程中的作用。公众参与环境法律制度的制定，需要两个制度的配合：一个是信息公开制度，另一个是听证制度。信息公开制度是要政府保证公众能知道关于环境状况的实情，实行信息透明化，让公众知道环境状况、工程情况以及对施工后产生的影响。听证制度是在论证某项方案的可行性的时候，需要举办听证会，请那些受工程影响的普通民众参加，并让民众充分发表意见，对于那些合理的意见，在制定制度的时候必须予以采纳。

在实施这两项制度时，要充分考虑公众对环境问题的理解度，尽可能采取图文并茂的手法，简易、形象、通俗易懂地对公众传达环境质量状况。参与群众应覆盖社会广大阶层，从公务员、企业职员到（大、中）学生、从社区居民到非营利组织成员。

（2）实施政务公开制度

环境行政主管部门应向公众公开执法依据、环境政策、办事程序、收费项目和标准等公务内容，增加工作透明度，实现群众对环保行政执法部门的民主监督。此外，环境管理部门还要注重回访工作，多方听取群众的意见和建议，落实公众的知情权，这种服务使公众对环保参与更具实质意义，也是现代民主政治的重要保障。因为没有任何东西比秘密更能损害民主，公众没有知情权，所谓公民最大限度地参与国家事务只是一句空话。

（3）增强公众个人素养

教育是增强民众素质的关键，环境教育和法治教育是提高公众参与效果的有效途径，大力推进包括学校环境教育、社会环境教育在内的环境教育，增强包括环保知识、环保意识、环保技能、环保价值观和环保行为等在内的公众环境素养。倡导和实践与环境友好的绿色生产、生活方式和绿色消费理念，改革和摒弃落后的生产方式、生活方式与消费观念，达到人与自然的和谐发展。充分利用大众媒体的强大影响力，普及法律知识，培养公众的法治观念，提高法治素质，树立公众依法维权的观念，从而有效地监督政府决策和企业的环保行为。

（4）建立良好的信息沟通渠道

建立良好的信息沟通渠道，逐步公开各种环境信息，给公众参与环境保护提供信息保障。公众参与环保是一个双向、连续的交换信息的过程，因而公开各种可靠的环境信息是公众参与环保的关键一环。京津冀地区目前的环境信息公开主要集中在环境状况公报、空气质量报告等方面，属于环境质量公开的一部分，而对于政府和企业环境行为信息的公开方面上则几乎还是空白，借鉴国外及其他地区的公众参与，会发现还有许多便捷方式强化公众参与地位，如新闻发布会、听证会、议政会、街边设立意见栏、与官员对话专线、网络留言等。因此，除常见的发放问卷调查，还可以多采用召开专家咨询会、座谈会、公众意见论证会、听证会、环境信息发布会、电话热线、电子信箱、报纸、广播、电视、网站等多种形式来广泛征询公众的意见及建议，加强环境信息公开尤其是政府和企业的环境行为信息公开。

专栏 8-1　地方经验

　　广东省疾病预防控制中心工程（省政府重点工程）环境影响评价工作过程中，在未进行公众参与之前，由于对项目不了解，项目周边的群众人心惶惶，对项目的建设抵触情绪较大，在建设单位通过采取听证会、环境信息公示等公众参与形式与公众进行交流之后，群众对项目概况及项目建设带来的环境影响有了较全面的了解，继而消除了心中的疑虑，并提出了合理的意见及建议。与此同时，建设单位通过认真客观分析公众提出的意见及看法，客观并合理地采用，最终把公众的合理化意见落实在环境保护对策措施中，使得项目的建设得以顺利地进行。

　　（5）发展环境非政府组织

　　公众参与环保的主体有个人和组织两种。由于个人的力量过于分散，所以各种环保组织成了公众参与的主力，西方国家公众参与的良好运行是与其众多的环保组织分不开的，所以，京津冀地区还需要有大量民间环保组织的涌现，这就需要从法律和政策上鼓励公众组建各种环保社团，参与环境保护。非政府组织作为重要的公民表达意愿的公益性团体，是一种有力的公众参与模式，应积极参与国家立法的制定，对国家立法提出科学合理的建议。加强自身组织能力和沟通能力建设，加强和媒体、企业、政府和普通市民合作，引起社会对环境问题的关注，帮助提起公益诉讼推动政府制定绿色产业政策，倡导普通公众绿色消费，依靠市场和消费者的力量推动环保工作。

8.2.7　区域环境科技创新机制

　　随着京津冀区域社会经济的不断发展和资源环境矛盾的日益加剧，区域科技创新能力已成为地区提高环境保护能力、获取竞争优势的决定因素。不断增强区域科技创新能力，从根本上提高环境质量和其经济竞争力，已成为促进区域发展的关键。建设区域科技创新体系，最大限度地提高创新效率，降低创新成本，使创新所需的各种资源得到有效的整合利用，各种知识和信息得到合理的配置和使用，各种服务得到及时全面的供应，是大幅度提高区域创新能力和竞争力的根本途径，也是把国家目标与本地区发展结合起来，提高国家整体创新能力和竞争力，大力推进国家创新体系建设的重要内容。

　　京津冀区域创新体系要突出四个环节：发挥特殊区位优势、搭建科技协作平台；推动高新产业发展、深化产业结构调整；扶植环保产业发展、壮大科技促进减排；营造创新政策环境、提供创新基础保障。

（1）发挥特殊区位优势、搭建科技协作平台

建设京津冀科技与协作创新平台，形成京津冀协作创新体系，建立京津冀环境科技创新的高层次协调机构，加强同区域内科研院所和高校的合作，促进区域间科技创新的联系和互动。建立合作研发机构，推动科研机构和高校的联合开发，促进社会各界参与，运用法律手段保护知识产权。

构造区域研发中心，鼓励和扶持骨干企业牵头建立产业共性技术研究开发体系，在市场前景好、产业关联度大、对国民经济发展能够产生显著推动作用的关键技术领域，创新一批具有自主知识产权的产业关键技术和共性技术成果。

（2）推动高新产业发展、深化产业结构调整

把"加强技术创新、发展高科技、实现产业化"作为推动京津冀区域经济发展的首要力量。要把高新技术产业基地作为本地区发展高新技术产业的主要载体，作为构筑创新体系的重要条件，高新技术产业发展将对京津冀区域加快转变产业结构、促进产业升级发挥巨大作用。把企业作为发展高新技术产业的主要力量，完成一批重大高科技投资项目，培育一批高新技术骨干企业，形成一批高新技术名牌产品。

（3）扶植环保产业发展、壮大科技促进减排

环保产业是 21 世纪的新兴产业和主导产业，是绿色经济的引擎，有着巨大的市场潜力和广阔的发展前景。加快推进环保产业发展，是坚持科学发展、建设生态文明的客观要求，是促进经济转型升级、培育新的经济增长点的重要途径，是实现节能减排目标、提升环境保护水平的重要支撑，是发展低碳经济、应对新一轮国际竞争的必然选择。

（4）营造创新政策环境、提供创新基础保障

技术创新需要政策环境的保障和推进，技术创新政策可以促进研发与工艺创新，并推进产业化升级，它可以减少技术创新过程的风险，使技术创新取得最大的收益。京津冀三地特别是河北省虽然已制定出一系列技术创新政策，然而存在配套不够，重点不明确，力度不大等问题，为此，应该在技术创新政策的制定上推进"大创新"转变，如从单纯招商引资和优惠政策向通过打造技术创新平台、凝聚创新资源转变；从依靠技术引进、模仿向自主创新和"二次创新"转变。

8.3　完善环境法规政策

8.3.1　完善法规标准

（1）完善环保法规

落实新《环境保护法》的要求，尽快制定针对京津冀地区的发展循环经济、推广清

洁生产、控制农业面源污染、生态公益林建设、排污权交易、水源地保护等地方性法规；完善植被保护、水源地保护、节约用水的奖惩制度和流域保护、耕地集约管理、放射性污染等方面的规章和实施方案。建立健全生态补偿机制，制定切实有效的地方生态补偿制度，尽快启动《京津冀地区环境保护条例》的制定工作。

（2）完善环保标准

紧紧围绕环京津冀区域产业结构战略性调整和大气、水、生态、土壤等环境保护重点，针对本区域污染物排放特征和环境管理需求，完善地方环保标准体系。在官厅水库上游、密云水库上游水源保护区等生态环境保护区和敏感区域设立红线区域，继续深化对冶金、建材、化工、采矿等重污染行业环境保护准入制度，制定本区域的各类产业发展的企业准入要求，完善或严格重点行业和区域污染物排放标准或规范。完善落后产能退出政策与标准（目录），规范"区域限批""企业限批"措施。全面推进企业清洁生产强制审核，实施节能节水等合同管理政策措施，有效促进污染防治由末端治理控制向全过程控制延伸。积极推进以首都北京大气环境保护标准为参考，在京津冀区域内逐步衔接各地区的各种排放标准和污染物限值标准。

（3）推行全面的环境准入制度

以环境承载力为依据，全面建立环境准入机制。以空间环境准入，优化产业空间布局，促进区域生产力布局与生态环境承载力相协调；以总量环境准入，统筹产业发展的环保要求，增强各种政策法规和规划之间的环境协调性；以项目环境准入，杜绝"两高一资"（高耗能、高污染、资源性）建设项目，促进经济结构转型升级。

把主要污染物排放总量控制在环境容量以内，建立实行各类发展项目（企业）的环境准入和退出政策与标准（目录），规范"区域限批""企业限批"措施。禁止建设高能耗、高物耗、高污染的项目，限制现有"三高"产业外延扩张，鼓励发展资源能源消耗低、环境污染少的高效益产业，大力发展战略新兴产业与第三产业，实现增产不增污或增产减污，并大大提高其所占比重。综合运用技术、经济、法律和必要的行政手段，做好污染企业的淘汰、并转等退出工作，为发展腾出环境容量。

充分利用污染减排的倒逼机制，提高产业的资源环境效率，在严格实施地方准入标准和淘汰计划的同时，集合经济激励或补偿政策，引导重污染企业主动退出。要以节能减排和总量控制为手段，为高科技、高技术含量、高效益、低污染或无污染的大项目、好项目留足发展空间，规避发展过程中的环境风险。

8.3.2　开展生态补偿

建立健全生态补偿机制，调动本区域生态建设与保护者的积极性，主要内容可包括水源保护生态补偿机制和公益林生态补偿机制。

8.3.2.1　水源保护生态补偿机制

围绕张家口和承德地区官厅水库、密云水库、潘家口水库、大黑汀水库及上游地区，按照"谁受益、谁补偿"的原则，以水资源为载体与水源地保护区为对象，通过界定生态补偿对象，按照经济行为，确定水源地生态保护的贡献，探索多种形式的受益者生态资源付费实践。逐步建立规范的水源保护生态补偿机制。

（1）筹措生态补偿基金，建立"输血型"和"造血型"相结合的补偿方式

现北京市自来水的价格是 5 元/m^3，基于下游地区居民的收入水平，每立方米自来水提高 0.2 元作为生态补偿基金。这些资金一部分用于生态保护与建设、河道水利修缮与保护投入和污染控制投入的支付，剩余部分作为保护区域替代产业和替代能源发展项目、生态农业项目、生态移民项目和农民教育项目。

另外，水库流域水源地有良好生态环境和优美的自然景观和社会景观，到水库流域水源地风景区旅游的游客也有责任对受损者进行一定的补偿。可以考虑将旅游门票价格适当增加作为生态补偿基金。可用于旅游垃圾的收集与处理、水源地保护区内宾馆和饭店的关停并转、生态旅游项目的推广等。

（2）建立异地开发生态补偿试验区

除了从生态保护受益者筹措生态补偿资金以外，还可通过建立"异地开发生态补偿试验区"实现"造血型"补偿。

在密云、官厅水库下游环境容量资源相对比较丰富的地区建立市级 "异地开发生态补偿试验区"，制定相应的政策法规和保障措施，定向允许水源地保护区前去招商引资和异地发展，并以发展所取得的利税返回支持水源地保护区的生态环境保护和建设工作。

（3）跨界断面水质管理的补偿与赔偿机制

对跨界断面水质未达到阶段目标或规划目标的，按照"类别差距越大、赔偿额度越大，污染越重、赔偿额度越大"和"地表水有偿使用功能"原则，污染方向受污染方支付赔偿金，优于水质目标的，由受益方向保护方给予补偿，并向社会公布，可率先在拒马河、永定河、潮白河等河流试点。

8.3.2.2　公益林生态补偿机制

结合《京冀生态水源保护林建设规划》，在积极扩大水源保护林建设规模的同时，在张家口市的赤城县、怀来县、涿鹿县以及承德市的丰宁县、滦平县、兴隆县建立公益林生态补偿，提高补偿标准，加大公益林补偿力度，扩大补偿范围的研究与实践。成立专门课题研究组，针对公益林补偿机制，补偿范围内容、补偿标准等进行系统研究、科

学论证。补偿费用应包括以下几项：因限制公益林正常的经营性采伐给予林木所有者的补偿；护林员的工资；有害生物防治费用；护林防火费用。

（1）建立生态公益林补偿金的筹集机制

生态公益林作为一项社会公益事业，其补偿资金来源主要包括国家财政拨款、受益者所应支付的生态税费、社会及市场机制所筹集的资金。

1）征收生态补偿税附加。

森林生态税的设置是由森林生态效益的社会福利共享性所决定的，但需要政府依法实施宏观干预，强制性地向全社会受益者即公众进行征收。在京津冀地区内可试行征收生态补偿税附加，将公益林补偿税作为一种社会性税种（如营业税、增值税、所得税或消费税）的附加费，按一定比例由税务部门统一征收。

针对直接受益者可以采取直接缴纳税费办法。生态效益的直接受益者，如供水、（水力）发电、生态旅游景点等单位，应按其营业收入一定比例缴纳森林生态效益补偿费充入森林生态效益补偿基金。

2）社会资金筹集。

随着社会的发展与进步、生活水平的提高，人们对生态环境质量的要求日益提高，对生态公益林的作用和效益认识程度也在不断上升，国际组织、国内企业、集体和个人通过捐赠资金、物品或义务劳动等形式支持生态公益林建设越来越多，这也成为生态公益林补偿的途径之一。

以政府和市场机制为基础，充分利用社会公众参与生态维护与建设的热情，吸收个人、社会团体、非政府组织的力量多渠道筹集。引入市场投资运作机制，构建多渠道、多层次、多形式的能广泛吸引社会资金的吸纳机制即综合投入体系，促使各级森林生态效益补偿基金的实际运作，并加以规范管理。

3）建立跨行政区域的长效稳定的补偿机制。

由于京津冀地区公益林建设主要受益者为下游地区的单位和个人，其中主要包括北京和天津两大城市，目前，北京和天津每年都对张家口和承德两地提供生态补偿（100万元/a、40万元/a），但由于金额少，同时没有长效稳定的补偿机制作为保障，张家口、承德两地的公益林建设变成了沉重的包袱。因此，与水源地生态补偿机制相同，建立跨行政区域公益林补偿机制是本地区生态补偿的重要内容。公益林补偿机制可作为一项独立的生态补偿机制进行单独预算收费，也可以作为水源地生态补偿的重要组成部分进行综合核算。

组织专家成立专门研究课题组，对本地区的公益林生态补偿开展充分的调研、研究活动，明确具体补偿标准、划定补偿范围、明细补偿主体和客体。

（2）实现以林养补的机制转换

即想方设法发展社区林业的多重经济效益，采取以林养补的办法实现生态转化。在分给林农管理的社区生态林，允许林农以生态林为载体，发展林业养殖经济和林木衍生经济形式，比如养殖生态鸡、猪等，还可以在林中养殖菌类食物等。同时，加大基础设施的建设力度，为社区发展生态旅游业创造条件，不能仅依靠林木本身的经济效益，要在林木的基础上尽量延伸经济链，能够较好地实现生态补偿资金的来源和生态林的有效保护。

（3）行政激励与约束

将生态公益林建设与保护列入各县市可持续发展的中长期规划，并建立行政首长责任制和部门、地区目标管理责任制。将各类公益林（生态建设）项目具体分解并落实责任到各级政府、各个部门，将有关建设管护经费预算纳入各级政府经常性预算。例如，将公益林体系区分为国家投资为主的项目（国家生态公益林）、地方投资为主的项目（地方公益林）、城市建设投资的项目（城市园林）以及林场、机关团体、矿区等单位管护的公益林。这些项目均应以立法形式明确各主体的权力（利）和义务，明确相应的投资保证措施。在这方面京津冀地区可以借鉴广东的经验，根据广东的成功经验，对地方公益林，由省级投入为主，市、县在事权责任上主要是组织实施配套和管理。

提高公益林比重、扩大公益林面积。我国《森林法实施条例》第八条规定："省、自治区、直辖市行政区域内的重点防护林和特种用途林的面积，不得少于本行政区域森林总面积的 30%"，这是对公益林最基本要求。由于京津冀区域特殊的地理区位，应提高公益林比例，达到 40%～45%。在无林地区营造公益林，确定补偿范围。

（4）经济激励与约束机制

首先，制定合理的补偿标准。目前生态公益林补偿机制中补偿标准偏低，政策实施后，在经济上只是补偿了生态林经营管护者的一部分损失，对于生态林经营管护者激励作用不大或同时辅以其他的物质奖励，满足被补偿者的利益需求，是一种最为有效的激励方法。其次，经济上的奖励处罚必不可少。对于破坏生态林建设行为或在管理经营过程中造成损失的，出现重大失误的应予处罚，对于保护生态林突出的应予奖励。

（5）精神激励与约束

精神激励是一种物质之外的鼓励。根据需求层次理论，在满足基本需求之后，人们会追求更高层次的满足，可望获得归属感、成就感。例如，北京生态公益林补偿政策实施后，为管护人员提供了教育培训的机会，提高了他们的素质和能力，激励了他们做好工作的信心。但精神层面的激励还需进一步深入，例如，相对稳定的就业机会可以激发归属感；参与部分决策与管理、舆论宣传的扩大、荣誉给予等可以激发成就感等。因此合理运用精神激励与约束，可以激发参与生态林补偿政策的管理者与被管理者的内在动力。

专栏 8-2 北京市实施山区生态林补偿经验

2004 年 8 月北京市政府下发了《北京市人民政府关于建立山区生态林补偿机制的通知》。同年 9 月，北京市林业局和北京市财政局联合下发了关于《北京市实施山区生态林补偿机制办法》的通知。该通知对具体的补偿范围及管护人员的要求等细则做出了明确的规定。

（1）补偿的范围、对象与标准

北京山区公益林生态补偿的范围是经区划界定的山区集体所有的公益林，包括山上人工种植或者自然生长的中幼林、成林和灌木林。经济林和国有的生态公益林（被划入国有重点公益林的部分集体生态公益林除外）不能享受本次山区生态公益林补偿机制政策。

补偿对象主要是负责山区公益林抚育、保护和管理的具有本地户口的管护人员，在村支部、村委会担任职务的村干部及目前已经从事二、三产业人员，不再参与生态公益林的管护，不享受生态公益林补偿资金政策。补偿标准主要是根据当时北京市山区的经济发展状况确定的，将人均补偿标准定为 400 元/月，补助人数全市近 4 万人。

经测算，北京市山区公益林全年投入补偿资金 1.92 亿元，平均每年投入 315 元/hm²，平均每亩每年投入 21 元。

（2）补偿的配套保障措施

一是加强对管护人员队伍的管理，根据山区、农村的实际情况，合理确定出勤天数和管理工作量；二是建立长期的培训制度，定期开展对全市管护人员的技术培训，提高管护人员的素质；三是完善考核办法，量化考核指标；四是建立信息管理系统，形成市、区（县）、乡镇管理网络，及时、准确地掌握山区生态林资源动态和管护人员的基本情况。按照"责任落实、补贴到位"的要求，市林业局、市农委、市财政局在每年 6—8 月进行一次联合检查，并把结果通报各区（县），以此作为考核的依据。区（县）、乡镇要经常、不定期地开展检查活动，及时解决实际问题，以村为单位公布检查结果，作为兑现管护人员补偿资金的依据，确保管护人员上岗尽责。

公益林生态补偿机制实施后，三年间，北京市山区森林质量得到明显提高、山区生态林活立木蓄积总量净增 18.46 万 m³，生态功能明显增强。山区农民实现了就业和增收，农民素质得以提高，推进了山区产业结构调整，促进了经济社会协调发展。

8.3.3 排污权交易

在京津冀地区统一试行排污权交易制度。推进排污权指标有偿分配使用制度。树立环境是资源、是商品的理念，充分发挥市场对环境资源的优化配置作用，积极探索和推进环境资源的价格改革，构建环境价格体系。同步建立排污权二级市场和规范的交易平台，全面推行排污权交易试点，在严格控制排污总量的前提下，允许排污单位将治污后富余的排污指标作为商品在市场出售，形成企业在区域总量控制下的市场进入机制，促进排污者的生产技术进步。

（1）科学确定排污总量

排污总量是进行排污权分配的依据。地方部门根据环境（大气、水体等）功能或环境目标的要求进行总量分配，确定污染物的削减总量，对不超出排污总量控制指标的排污单位，颁发排污许可证；根据我国每年发布重点污染物的削减计划，将减排任务具体落实到省市，再到具体企业；并由环保部门牵头对环境容量进行科学的测算，来确定排污总量。

（2）做好排污权初始分配

排污权初始分配是对环境资源使用权的初次界定，涉及繁杂的社会利益，其分配制度与结果将影响环境资源的配置效率。排污权初始分配主要有两种形式：无偿分配和有偿分配，单一采用某一分配方式都不能体现公平原则。因此，对现有企业的初始排污权采用无偿分配，而对于新建企业则要有偿取得，同时与排污收费制度改革联合实施，才可能保证社会利益的公正。为提高环境资源的配置效率，促进排污权交易减排，建议以省域总量控制为目标，参考行业清洁生产指标免费分配排污权，即保证省级总量控制目标实现，也将生产企业技术先进性作为减排的底线，有利于提高落后企业的清洁生产水平，促进产业结构调整和减排目标的实现。

（3）开展排污收费与排污权交易制度联合实施工作，构建环境价格体系

排污收费制度是环保部门已实施的减排制度，把排污收费制度与排污权交易制度联合实施，两者共同来减少排放和达到环保目标。综合考虑法律与市场的作用，结合各地区企业与环境的特点，因地制宜，建立一套适合当地的环境价格体系，以保证排污权交易的顺利实施。

（4）建立排污权二级市场和规范的交易平台

建立试点指导机构和排污权交易平台，合理选取试点流域或区域，配备必要的基础技术条件，排污权交易应遵循"低成本原则"，采用"免费申请，先行交易，事后核查"的管理方式。在构建排污权交易平台时，应加强中介评估机构培育和认定，加强可交易的排污权的开发。

8.3.4　资金投入

开拓多种渠道，加大对污染防治、生态保护、环保试点示范和环保监管能力建设的资金投入。鉴于环境基础设施的准公共物品属性，为保护良好的生态环境，积极探索资

金创新模式，构建以政府财政投入为主、其他多种渠道并存的环境建设资金筹措机制，促进京津冀区域环境保护与生态建设。

（1）确保京津冀区域环保投入增长高于经济增长水平

明确京津冀区域环保投入增长率不低于年度 GDP 的增速或年度财政收入的增速。发挥财政资金的杠杆效应，制定专门的财政资金投入中"以奖代补，以奖促治"制度，提高环境投入绩效。为强化地方财政对环保的预算投入，确实落实相关政府部门和行政官员的环保责任，在预算讨论的环节，要确立环保支出的优先和重点保障地位，设定具有约束力的投入目标要求；预算安排和执行的环节，要严格相关制度和操作规程，确保环保预算资金有效地用于环保支出；在监督评价环节，要建立健全环境保护目标责任制，将资金投入纳入评估和考核体系中。

（2）加强对环境保护与生态建设重点项目的资金扶持

应积极加强省级政府对京津冀区域环境保护与生态建设重点项目的资金扶持，全方位提高区域环境质量。京津冀区域内可考虑建立环保转移支付与实绩挂钩制度，完善对下级政府的转移支付制度。在考虑各地区之间财政转移支付分配时，充分考虑给予河北省政策倾斜，遵循公共服务均等化的要求，在转移支付的标准、规模、结构、布局、种类等方面进行改革与创新，为京津冀区域协调发展建设，引导、推进地方环境保护提供支撑。

（3）创新融资手段，拓宽融资渠道

创新融资手段，拓宽融资渠道，丰富环境保护资金的投资主体和融资载体。引入市场机制，广泛吸引社会资金的投入。尽快开征生活垃圾处置费，提高污水处理收费标准，利用垃圾处置费和污水处理费收取权质押贷款等试点，探索对新建环保项目推行 BOT、TOT、基础设施资产证券化（ABS）等多种社会融资方式，促进饮用水、污水处理等具备一定收益能力的项目形成市场化融资机制。对利用债务性融资建设的污水处理设施项目，相关地方政府要制定污水处理费收取权质押的担保措施。积极促进企业发行债券融资，吸引国家政策性银行贷款、国际金融组织及国外政府优惠贷款、商业银行贷款和社会资金参与京津冀生态环境建设。以环境为依托进行资本运作，大胆尝试和探索经营城市环境的新途径，通过环境改善，促使环境资本增值，实现环境与经济的良性循环发展，谋求多方共赢。

8.4　区域重点环境基础设施共建共享机制

完善的生态环境基础设施是开展环境监管的基础保障。京津冀区域内，生态环境基础设施资源的配置呈现出被行政分割、环境基础设施均等化水平低的特点。北京是国家首都和经济中心之一，在基础设施投入上津冀两地无法与其比拟，因而三地的环境监管能力存在差距，环境监管也不能有机协调统一开展。为此，亟须突破地域行政边界，对流域、区域内生态环境监测与监管设施、污染治理设施、环境修复设施等统一规划、统一布局，全面推进环境监管标准化建设高水平通过，努力实现环境基础设施共建共享，逐步减小区域间环境基础设施配置不均衡，最大限度地发挥设施的功能和效益，为生态环境一体化监管提供基础能力支撑。

8.4.1　优先推进危险废物污染全过程防治管理

强化京津冀地区危险废物的区域集中处置和跨区选址。全面深化危险废物环境管理制度与京津冀合作机制，消除危险废物跨行政区域转移障碍。建立和推广一体化的危险固废信息管理系统，完善危险废物数据和信息交换体系以及事故应急网络，全面实现网上环境管理、信息化服务和在线实时监控。加强各类废弃物的资源化利用和规范化处理处置工作。

8.4.2　建立区域性工业固废循环利用体系和机制

优先建立工业固废循环经济体系，打破区域界线，通过在税收减免、补贴等经济方式，鼓励工业企业，尤其是工业园区内企业以及跨区域工业企业固废循环利用，提高工业固废综合利用水平。推进污泥处理处置设施共建共享，发挥规模效益。鼓励日处理能力10万t以下的污水处理厂联合建立区域性污泥处理处置设施。加强京津冀地区废弃电子电器产品、废旧汽车等各类废弃物的集中资源化利用和处理合作机制。

8.4.3　切实加强污水和城镇生活垃圾收集处置

鼓励京津冀相邻区域打破行政区限制，共同规划，共建共享垃圾处理设施。鼓励相邻地区统筹规划、合理布局，共建生活垃圾处理厂。按照区域共享的原则，适当调整位于行政区边界的污水处理厂和垃圾处理厂规模，调整污水收集管网规划，使之辐射周边相邻区域。基本统一区域污水、垃圾处理收费标准，鼓励整合兼并，培育大型骨干环保产业集团，为环境基础设施共建共享创造条件。

8.5　区域环境监管机制及信息平台建设

京津冀区域生态环境监管一体化管理是开展跨区域环境管理工作的基础，是实现区域生态环境保护协同联动的重要保障，需从环境基础设施配置、环境监测、环境监察执法、环境监测预警与应急、环境信息建设等方面共同加强区域的一体化管理。

8.5.1　建设区域一体化的环境监测网络

（1）整合区域生态环境监测力量，保证监测工作的权威性与独立性

在京津冀城市群大气污染防治统一监测、统一监管的基础上，对区域内大气、地下水、地表水、生态、土壤、核与辐射、气象和污染源等环境监测资源进行有效整合，建立京津冀区域生态环境监测机构，赋予其独立的地位、充分的权能、专业的知识和独立的责任，保证监测主体的权威性，减少不适当的干预，避免环境监管过程中环境监测数据造假情况的发生。

（2）优化区域生态环境监测网络，推进监测网络的一体化

优化升级京津冀区域大气监控网络，将区域内所有城市站全部纳入区域大气监控网；建立完善区域内国家直管监测点，逐步扩大国家空气质量监测网络范围。完善京津冀区域水质自动监测网络，将区域内水质自动站全部实现联网，在河流、水库等跨界断面建立联合监测机制，加强对跨界水环境的实时监控。推进生态、土壤、地下水、海洋、核与辐射环境质量监测网络建设，建成"山水林田湖"融合一体的自然和谐的生态网络；推进和完善重点污染源监测监控系统，实现区域内监测网络互联互通。

（3）建立区域一体化的生态环境监测质量管理制度

对京津冀区域环境监测实施统一规划、统一布局、统一监测标准、统一技术体系、统一环境信息发布，加强生态环境监测全程质量控制，确保环境监测更加公平有效。

8.5.2　建立跨区域的联合监察执法机制

（1）建立跨区域的环境联合监察执法工作制度

建立京津冀区域内同一部门执法监察主体之间全面、集中、统一的联合执法长效机制，协作配合、共同执法，联合查处跨行政区域的环境违法行为。构建京津冀区域环境监察网络，成立京津冀地区大区督察中心，协调京津冀区域环保执法工作，打破行政区划下各地区各自为政的局面，全面督察区域内重大环境污染与生态破坏案件，帮助地方开展跨省区域重大环境纠纷的协调。设置区域性和流域性的执法机构，着重解决好跨省市区域和流域污染纠纷问题，如京津冀共同流域区的生态环境与经济发展间的矛盾问题。统一区域内环保监察执法尺度，建立统一的环保行政案件办理制度，规范环境执法程序、执法文书，加强环境监察执法信息的连通性。

（2）建立会同其他相关部门的区域内联动环境执法机制

联合环保、公安、工商、卫生、林业等部门建设横向执法体系，协调相关部门齐抓共管，建立各部门之间的联动机制，将环境执法关口前移，形成高效执法合力。完善环境行政执法部门与司法机关的工作联系制度，加大打击环境犯罪行为力度，对严重的环

境违法行为依法追究刑事责任。探索联合执法、交叉执法等执法机制创新，推进打击环境污染犯罪队伍的专业化。在环境质量出现异常情况或发现环境风险的情况下，启动有效可行的联动执法。

8.5.3 提升区域环境监测预警与应急能力

（1）提升区域内环境预警和应急能力

建立各类环境要素的环境风险评价指标体系，开展区域环境风险区划，制定环境风险管理方案和环境应急监测管理制度。建立环境应急监测与预警物联网系统，强化环境监测数据的应用与综合分析预警。加强对重要水源地及生态红线区域的环境质量监控预警，建立畅通的环境事故通报渠道。加强人员培训，完善水、大气应急处理处置队伍。

（2）建立跨界的大气、地表水、地下水等环境预警协调联动机制

强化以流域、区域污染为背景的突发环境事件的应急响应机制，联合开展跨界环境突发事件的应急演练，加强区域组织指挥、协同调度、综合保障能力。对区域应急实行统一指挥协调，对生态环境监测仪器、应急物资等环境应急设施实现紧急共享与统一调配，对预警应急数据进行统一管理，建成突发性环境事故应急监测体系，着力提高区域环境事件应急处置水平。

8.5.4 建立完善的区域性环境信息共享网络

建立京津冀区域统一的环境信息网络。提升区域环境信息标准化建设，强化环境统计分析应用水平。实现区域间、部门间环境信息网络互联互通，提高信息数据综合利用率。加强区域环境信息工程建设，提高跨区域环境信息传输能力和安全保障能力，建立区域内环境信息资源共享机制。继续建立并完善京津冀环境空气质量预报平台，实现空气质量预报与污染趋势预测。建立京津冀区域环境信息统一发布平台，通报设计跨区域（流域）的水文、气象、环境质量、重点污染源、环境违法案件等信息，扩大公众对区域内环境问题的知情权和参与权。

构建跨区域的集业务协同、信息服务和决策辅助为一体的信息化工作平台。综合考虑京津冀区域空间地理数据、环境监测预警数据、污染源数据、环境事故数据、电子政务数据及其他环境相关资源数据，建立完善一体化环境大数据分析平台，实现环境信息系统从单项业务独立运行向协同互动型转变，全面推进区域环保业务管理的信息化。

8.6　区域环境保护合作机制研究

8.6.1　构建区域环境科研平台

（1）整合京津冀科研资源，孕育大科学

充分利用京津冀科研院所，特别是国家有关机构的环境科研力量，通过资源整合与信息共享等机制，建立京津冀区域一体化环境科研合作、交流平台，进一步强化科技支撑。突出科研平台各组成单位的优势力量，形成差异化、联动化的科研链条，鼓励跨区域联合申请环境科学大项目、攻关环境难题。

（2）创新京津冀人才联动机制，打造大环境

统一区域环保人才政策，切实推进区域环保人才合作培养、交流对话、挂职考察。针对性实施合理可行的人才安置补偿机制，切实推动区域内高中端人才的自由流动。加大对环境科学研究的财政支持力度，在区域内相关科研计划及专项中，联合设立生态及环境相关的基础性、前瞻性、应用性研究项目和针对性攻关专题，加强区域污染防治基础性和综合决策研究。

（3）推动京津冀成果转化，培育大产业

加强环境科研自主创新能力建设，构建区域自主知识产权及专利池，推动区域环境科技成果的应用转化，支撑京津冀地区环保产业的发展。加大对区域新型环境问题的防控，辅助区域性相关环境政策的研究和区域内环保及相关产业的发展指导目录的制定。配套建立环保技术及成果信息发布与咨询服务体系，及时向社会及企业发布有关环境保护和节能减排的科研动向、技术成果、政策导向等方面的信息，促进环保产业的发展和环保技术与设备的推广应用。

8.6.2　健全环境社会共治体系

（1）推进公众参与

积极搭建京津冀区域公众参与平台，通过政府与企业、公众定期沟通对话协商、环境咨询调查、公众听证会、公众参与环评、向社会公开征求意见等方式，拓展企业、公众等利益相关方参与环境决策的渠道。建立完善公众参与环境决策的机制，确保公众参与环境决策制度化、规范化。

（2）加强社会监督

高效利用京津冀区域环境信息统一发布平台，完善信息公开机制。发挥人大代表、政协委员在社会监督中的积极作用，推行有奖举报等激励机制，鼓励和引导公众与环保

公益组织监督、推动政府和企业履行生态环境保护的责任。

（3）健全全民行动格局

充分利用各种形式媒体，开展多层次、多形式的宣传教育活动，倡导文明、节约、绿色的消费方式和生活习惯，提高公众生态环保意识，动员公众参与环境保护。推行政府绿色采购，鼓励公众购买环境标志产品。

参考文献

[1] Van Donkelaar A，Martin R V，Brauer M，et al. Global estimates of ambient fine particulate matter concentrations from satellite-based aerosol optical depth：development and application[J]. Environ Health Perspect，2010，118（6）：847-855.

[2] 迟妍妍，许开鹏，王夏晖，等. 区域规划环评中生态系统服务功能影响评价方法初探研究[J]. 环境科学与管理，2013，38（12）：21-26.

[3] 董战峰，葛察忠，高树婷，等. "十二五"环境经济政策体系建设路线图[J]. 环境经济，2011（6）：35-47.

[4] 黄宝荣，李颖明，张惠远，等. 中国环境管理分区：方法与方案[J]. 生态学报，2010，30（20）：5601-5615.

[5] 黄一凡，许开鹏，王晶晶，等. 饮用水水源地保护经济补偿标准核定方法研究[J]. 中国人口·资源与环境，2012，141（S2）：93-96.

[6] 蒋洪强，卢亚灵，程曦，等. 京津冀区域生态资产负债核算研究[J]. 中国环境管理，2016，8（1）：45-49.

[7] 蒋洪强，王金南. 关于排污权的一级市场和二级市场问题[J]. 电力科技与环保，2007，23（2）：12-16.

[8] 蒋洪强，王金南，葛察忠. 中国污染控制政策的评估及展望[J]. 生态环境学报，2008，17（5）：2090-2095.

[9] 刘桂环，文一惠，孟蕊，等. 官厅水库流域生态补偿机制研究：生态系统服务视角[J]. 中国人口·资源与环境，2011，136（S2）：61-64.

[10] 刘桂环，文一惠，张惠远. 基于生态系统服务的官厅水库流域生态补偿机制研究[J]. 资源科学，2010，32（5）：856-863.

[11] 刘桂环，文一惠，张惠远. 中国流域生态补偿地方实践解析[J]. 环境保护，2010，（23）：26-29.

[12] 刘桂环，张惠远，万军，等. 京津冀北流域生态补偿机制初探[J]. 中国人口·资源与环境，2006，16（4）：120-124.

[13] 刘桂环，张惠远，王金南. 环京津贫困带的生态补偿机制探索[C]. 建设资源节约型、环境友好型社会国际研讨会暨中国环境科学学会 2006 年学术年会，2006.

[14] 王金南. 排污交易：实践与创新[M]. 北京：中国环境科学出版社，2009.

[15]　王金南. 迈向美丽中国的生态文明建设战略框架设计[J]. 环境保护，2012（23）：49-51.

[16]　王金南，迟妍妍，许开鹏. 严守生态保护红线　创新战略环评机制[J]. 环境影响评价，2014（4）：15-17.

[17]　王金南，董战峰，陈潇君，等. 排污权有偿使用与交易：环境市场制度的重大创新[J]. 环境保护，2014，42（18）：19-23.

[18]　王金南，董战峰，杨金田，等. 特别关注：排放权交易：市场化降污的探索——中国排污交易制度的实践和展望[J]. 环境保护，2009（10）：16-22.

[19]　王金南，吴文俊，蒋洪强，等. 构建国家环境红线管理制度框架体系[J]. 环境保护，2014，42（Z1）：26-29.

[20]　王金南，许开鹏，迟妍妍，等. 我国环境功能评价与区划方案[J]. 生态学报，2014，34（1）：129-135.

[21]　王金南，许开鹏，蒋洪强，等. 环境功能区战略：以环境空间管控优化发展格局——基于生态环境资源红线的京津冀生态环境共同体发展路径[J]. 环境保护，2015，43（23）：21-25.

[22]　王金南，许开鹏，陆军，等. 国家环境功能区划制度的战略定位与体系框架[J]. 环境保护，2013（22）：35-37.

[23]　王金南，许开鹏，王晶晶，等. 国家"十三五"资源环境生态红线框架设计[J]. 环境保护，2016，44（8）：22-25.

[24]　王金南，许开鹏，薛文博，等. 国家环境质量安全底线体系与划分技术方法[J]. 环境保护，2014，42（7）：31-34.

[25]　王金南，张炳，吴悦颖，等. 中国排污权有偿使用和交易：实践与展望[J]. 环境保护，2014，42（14）：22-25.

[26]　许开鹏，黄一凡，石磊. 已有区划评析及对环境功能区划的启示[J]. 环境保护，2010（14）：17-20.

[27]　许开鹏，王晶晶，迟妍妍，等. 基于主体功能区的环境红线管控体系初探[J]. 环境保护，2015，43（23）：31-34.

[28]　许开鹏，王晶晶，王勇，等. 乌鲁木齐市环境功能区划与生态保护红线研究[J]. 环境保护，2015，43（24）：62-64.

[29]　薛文博，汪艺梅，王金南. 大气环境红线划定技术研究[J]. 环境与可持续发展，2014，39（3）：13-15.

[30]　张惠远，刘桂环. 我国流域生态补偿机制设计[J]. 环境保护，2006（19）：49-54.

[31]　张惠远，刘桂环. 流域生态补偿与污染赔偿机制研究[M]. 北京：中国环境出版社，2014：34-35.

[32]　郭施宏，齐晔. 京津冀区域大气污染协同治理模式构建——基于府际关系理论视角[J]. 中国特色社会主义研究，2016（3）：81-85.

[33]　王小新. 京津冀大气污染防治政府间合作研究[D]. 首都经济贸易大学，2016.

[34]　王跃思，姚利，刘子锐，等. 京津冀大气霾污染及控制策略思考[J]. 中国科学院院刊，2013（3）：

353-363.

[35] 王跃思，张军科，王莉莉，等. 京津冀区域大气霾污染研究意义、现状及展望[J]. 地球科学进展，2014，29（3）：388-396.

[36] 王喆，周凌一. 京津冀生态环境协同治理研究——基于体制机制视角探讨[J]. 经济与管理研究，2015（7）：68-75.

[37] 薛俭，谢婉林，李常敏. 京津冀大气污染治理省际合作博弈模型[J]. 系统工程理论与实践，2014（3）：810-816.

[38] 赵新峰，王小超. 京津冀区域大气污染治理中的信息沟通机制研究——开放系统理论的视角[J]. 行政论坛，2016，23（5）：19-23.

[39] 周扬胜，刘宪，张国宁，等. 从改革的视野探讨京津冀大气污染联合防治新对策[J]. 环境保护，2015，43（13）：35-37.

[40] 邹兰，江梅，周扬胜，等. 京津冀大气污染联防联控中有关统一标准问题的研究[J]. 环境保护，2016，44（2）：59-62.

[41] 刘旭艳. 京津冀 $PM_{2.5}$ 区域传输模拟研究[D]. 清华大学，2015.

[42] 薛文博，付飞，王金南，等. 基于全国城市 $PM_{2.5}$ 达标约束的大气环境容量模拟[J]. 中国环境科学，2014，34（10）：2490-2496.

[43] 薛文博，付飞，王金南，等. 中国 $PM_{2.5}$ 跨区域传输特征数值模拟研究[J]. 中国环境科学，2014，34（6）：1361-1368.

[44] 薛文博，吴舜泽，杨金田，等. 城市环境总体规划中大气环境红线内涵及划定技术[J]. 环境与可持续发展，2014，39（1）：14-16.

附　表

水环境质量红线一级区控制单元属性

序号	子流域代码	水（环境）功能区	水体名称	市地	水质目标	面积/km²
1	4008	白沟河河北饮用水水源区	白沟河	保定地区	III	0.01
2	3916	白沟河河北饮用水水源区	白沟河	保定地区	III	0.02
3	3872	白沟河河北饮用水水源区	白沟河	保定地区	III	0.05
4	4299	白沟河河北饮用水水源区	白沟河	保定地区	III	0.05
5	4099	白沟河河北饮用水水源区	白沟河	保定地区	III	7.15
6	3919	白沟河河北饮用水水源区	白沟河	保定地区	III	22.78
7	4076	白沟河河北饮用水水源区	白沟河	保定地区	III	43.34
8	4091	白沟河河北饮用水水源区	白沟河	保定地区	III	61.08
9	4031	白沟河河北饮用水水源区	白沟河	保定地区	III	67.31
10	4117	白沟河河北饮用水水源区	白沟河	保定地区	III	69.73
11	3605	白沟河河北饮用水水源区	白沟河	北京市	III	0.03
12	3513	白沟河河北饮用水水源区	白沟河	北京市	III	0.05
13	2654	潮白河北京饮用水水源区	白河	北京市	II	0.00
14	2719	潮白河北京饮用水水源区	白河	北京市	II	0.00
15	2438	白河北京市饮用水水源保护区	白河	北京市	II	0.01
16	2768	潮白河北京饮用水水源区	白河	北京市	II	0.05
17	2381	白河北京市饮用水水源保护区	白河	北京市	II	0.35
18	2334	白河北京市饮用水水源保护区	白河	北京市	II	1.63
19	2539	白河北京市饮用水水源保护区	白河	北京市	II	6.43
20	2730	潮白河北京饮用水水源区	白河	北京市	II	14.40
21	2442	白河北京市饮用水水源保护区	白河	北京市	II	33.63
22	2333	白河北京市饮用水水源保护区	白河	北京市	II	41.16
23	2434	白河北京市饮用水水源保护区	白河	北京市	II	41.29
24	2618	白河北京市饮用水水源保护区	白河	北京市	II	44.63
25	2761	潮白河北京饮用水水源区	白河	北京市	II	46.13
26	2426	白河北京市饮用水水源保护区	白河	北京市	II	50.46
27	2355	白河北京市饮用水水源保护区	白河	北京市	II	56.52
28	2758	潮白河北京饮用水水源区	白河	北京市	II	62.76
29	2997	潮白河北京饮用水水源区	白河	北京市	II	65.30
30	2744	潮白河北京饮用水水源区	白河	北京市	II	71.39
31	2577	白河北京市饮用水水源保护区	白河	北京市	II	74.95

序号	子流域代码	水（环境）功能区	水体名称	市地	水质目标	面积/km²
32	2437	白河北京市饮用水水源保护区	白河	北京市	II	96.22
33	2225	白河北京市饮用水水源保护区	白河	北京市	II	106.97
34	2718	潮白河北京饮用水水源区	白河	北京市	II	111.20
35	3025	潮白河北京饮用水水源区	白河	北京市	II	113.67
36	2379	白河北京市饮用水水源保护区	白河	北京市	II	116.97
37	2564	白河北京市饮用水水源保护区	白河	北京市	II	117.31
38	2648	潮白河北京饮用水水源区	白河	北京市	II	143.25
39	2470	白河北京市饮用水水源保护区	白河	北京市	II	174.61
40	2313	白河北京市饮用水水源保护区	白河	北京市	II	221.69
41	2074	白河北京市饮用水水源保护区	白河	北京市	II	222.33
42	2353	白河张家口市饮用水水源保护区	白河	张家口市	II	152.59
43	4010	白沙河保定地区饮用水水源保护区	白沙河	保定地区	II	1.38
44	4028	白沙河保定地区饮用水水源保护区	白沙河	保定地区	II	22.28
45	4026	白沙河保定地区饮用水水源保护区	白沙河	保定地区	II	39.87
46	5536	北排水河衡水地区饮用水水源保护区	北排水河	衡水地区	III	60.12
47	2572	潮河北京市饮用水水源保护区	潮河	北京市	II	14.27
48	2540	潮河北京市饮用水水源保护区	潮河	北京市	II	26.81
49	2543	潮河北京市饮用水水源保护区	潮河	北京市	II	34.03
50	2471	潮河北京市饮用水水源保护区	潮河	北京市	II	35.80
51	2385	潮河北京市饮用水水源保护区	潮河	北京市	II	63.53
52	2448	潮河北京市饮用水水源保护区	潮河	北京市	II	82.40
53	1986	潮河承德市饮用水水源保护区	潮河	承德市	III	0.00
54	1825	潮河承德市饮用水水源保护区	潮河	承德市	III	0.01
55	2322	潮河承德市饮用水水源保护区	潮河	承德市	II	0.01
56	1539	潮河承德市饮用水水源保护区	潮河	承德市	III	0.01
57	1533	潮河承德市饮用水水源保护区	潮河	承德市	III	0.02
58	1734	潮河承德市饮用水水源保护区	潮河	承德市	III	0.03
59	1645	潮河承德市饮用水水源保护区	潮河	承德市	III	0.05
60	2148	潮河承德市饮用水水源保护区	潮河	承德市	II	0.05
61	1813	潮河承德市饮用水水源保护区	潮河	承德市	III	4.78
62	2258	潮河承德市饮用水水源保护区	潮河	承德市	II	4.82
63	2288	潮河承德市饮用水水源保护区	潮河	承德市	II	6.66
64	2122	潮河承德市饮用水水源保护区	潮河	承德市	II	8.47
65	1540	潮河承德市饮用水水源保护区	潮河	承德市	III	10.32
66	2342	潮河承德市饮用水水源保护区	潮河	承德市	II	10.78
67	1771	潮河承德市饮用水水源保护区	潮河	承德市	III	22.48

序号	子流域代码	水（环境）功能区	水体名称	市地	水质目标	面积/km²
68	2054	潮河承德市饮用水水源保护区	潮河	承德市	II	23.55
69	2207	潮河承德市饮用水水源保护区	潮河	承德市	II	26.27
70	1869	潮河承德市饮用水水源保护区	潮河	承德市	III	30.83
71	1824	潮河承德市饮用水水源保护区	潮河	承德市	III	31.49
72	2246	潮河承德市饮用水水源保护区	潮河	承德市	II	35.33
73	1809	潮河承德市饮用水水源保护区	潮河	承德市	III	35.82
74	2268	潮河承德市饮用水水源保护区	潮河	承德市	II	38.95
75	2086	潮河承德市饮用水水源保护区	潮河	承德市	II	39.37
76	1782	潮河承德市饮用水水源保护区	潮河	承德市	III	41.54
77	1735	潮河承德市饮用水水源保护区	潮河	承德市	III	55.84
78	2060	潮河承德市饮用水水源保护区	潮河	承德市	II	56.00
79	1787	潮河承德市饮用水水源保护区	潮河	承德市	III	56.88
80	2006	潮河承德市饮用水水源保护区	潮河	承德市	II	67.07
81	1564	潮河承德市饮用水水源保护区	潮河	承德市	III	71.31
82	2175	潮河承德市饮用水水源保护区	潮河	承德市	II	77.89
83	1949	潮河承德市饮用水水源保护区	潮河	承德市	III	90.40
84	1449	潮河承德市饮用水水源保护区	潮河	承德市	III	97.03
85	3380	大石河北京饮用水水源区	大石河	北京市	III	2.49
86	3402	大石河北京饮用水水源区	大石河	北京市	III	16.28
87	3383	大石河北京饮用水水源区	大石河	北京市	III	19.71
88	3384	大石河北京饮用水水源区	大石河	北京市	III	27.60
89	3429	大石河北京饮用水水源区	大石河	北京市	III	35.18
90	3378	大石河北京饮用水水源区	大石河	北京市	III	37.78
91	3356	大石河北京饮用水水源区	大石河	北京市	III	47.48
92	3361	大石河北京饮用水水源区	大石河	北京市	III	49.80
93	3387	大石河北京饮用水水源区	大石河	北京市	III	69.40
94	3316	大石河北京饮用水水源区	大石河	北京市	III	79.51
95	3432	大石河北京饮用水水源区	大石河	北京市	III	157.18
96	3750	独流减河保定地区饮用水水源保护区	独流减河	保定地区	III	0.01
97	3659	南拒马河北饮用水水源区	独流减河	保定地区	II	0.01
98	3896	拒马河河北饮用水水源区	独流减河	保定地区	II	0.01
99	4132	南拒马河河北饮用水水源区	独流减河	保定地区	II	0.01
100	4098	南拒马河河北饮用水水源区	独流减河	保定地区	II	0.01
101	4199	南拒马河河北饮用水水源区	独流减河	保定地区	II	0.02
102	3834	独流减河保定地区饮用水水源保护区	独流减河	保定地区	III	0.04
103	3700	北拒马河河北饮用水水源区	独流减河	保定地区	III	0.05

序号	子流域代码	水（环境）功能区	水体名称	市地	水质目标	面积/km²
104	3649	独流减河保定地区饮用水水源保护区	独流减河	保定地区	III	0.05
105	3781	北拒马河河北饮用水水源区	独流减河	保定地区	III	0.05
106	4127	独流减河保定地区饮用水水源保护区	独流减河	保定地区	III	0.05
107	4170	南拒马河河北饮用水水源区	独流减河	保定地区	II	0.05
108	4301	南拒马河河北饮用水水源区	独流减河	保定地区	II	0.05
109	3838	拒马河河北饮用水水源区	独流减河	保定地区	II	0.09
110	3939	拒马河河北饮用水水源区	独流减河	保定地区	II	0.31
111	3937	拒马河河北饮用水水源区	独流减河	保定地区	II	0.99
112	3506	独流减河保定地区饮用水水源保护区	独流减河	保定地区	III	3.04
113	3926	拒马河河北饮用水水源区	独流减河	保定地区	II	4.04
114	3617	独流减河保定地区饮用水水源保护区	独流减河	保定地区	III	6.57
115	3931	拒马河河北饮用水水源区	独流减河	保定地区	II	7.28
116	3600	独流减河保定地区饮用水水源保护区	独流减河	保定地区	III	11.02
117	3622	独流减河保定地区饮用水水源保护区	独流减河	保定地区	III	32.49
118	3581	独流减河保定地区饮用水水源保护区	独流减河	保定地区	III	37.87
119	3940	拒马河河北饮用水水源区	独流减河	保定地区	II	45.06
120	3898	拒马河河北饮用水水源区	独流减河	保定地区	II	49.76
121	3572	独流减河保定地区饮用水水源保护区	独流减河	保定地区	III	49.89
122	4097	独流减河保定地区饮用水水源保护区	独流减河	保定地区	III	51.45
123	3505	独流减河保定地区饮用水水源保护区	独流减河	保定地区	III	54.74
124	3816	拒马河河北饮用水水源区	独流减河	保定地区	II	55.20
125	3614	独流减河保定地区饮用水水源保护区	独流减河	保定地区	III	55.94
126	4104	南拒马河河北饮用水水源区	独流减河	保定地区	II	57.56
127	4093	南拒马河河北饮用水水源区	独流减河	保定地区	II	62.98
128	3749	独流减河保定地区饮用水水源保护区	独流减河	保定地区	III	63.95
129	3648	独流减河保定地区饮用水水源保护区	独流减河	保定地区	III	87.69
130	3858	拒马河河北饮用水水源区	独流减河	保定地区	II	89.87
131	3633	独流减河保定地区饮用水水源保护区	独流减河	保定地区	III	91.93
132	3780	北拒马河河北饮用水水源区	独流减河	保定地区	III	104.90
133	3512	独流减河保定地区饮用水水源保护区	独流减河	保定地区	III	113.17
134	3736	北拒马河河北饮用水水源区	独流减河	保定地区	III	115.06
135	4349	南拒马河河北饮用水水源区	独流减河	保定地区	II	150.79
136	4309	南拒马河河北饮用水水源区	独流减河	保定地区	II	156.08
137	3762	南拒马河河北饮用水水源区	独流减河	保定地区	II	166.56
138	3833	拒马河河北饮用水水源区	独流减河	保定地区	II	179.11
139	3906	拒马河河北饮用水水源区	独流减河	保定地区	II	192.33

序号	子流域代码	水（环境）功能区	水体名称	市地	水质目标	面积/km²
140	3577	独流减河北京市饮用水水源保护区	独流减河	北京市	III	22.88
141	3561	独流减河北京市饮用水水源保护区	独流减河	北京市	III	36.97
142	3578	独流减河北京市饮用水水源保护区	独流减河	北京市	III	44.58
143	3684	北拒马河河北饮用水水源区	独流减河	北京市	III	54.92
144	3486	独流减河北京市饮用水水源保护区	独流减河	北京市	III	154.19
145	3408	独流减河张家口市饮用水水源保护区	独流减河	张家口市	III	0.00
146	4883	滹沱河石家庄饮用水水源区	滏阳新河	石家庄市	II	3.21
147	4803	滏阳新河石家庄市饮用水水源保护区	滏阳新河	石家庄市	II	3.34
148	4914	滏阳新河石家庄市饮用水水源保护区	滏阳新河	石家庄市	II	3.94
149	4849	滏阳新河石家庄市饮用水水源保护区	滏阳新河	石家庄市	II	4.23
150	4869	滏阳新河石家庄市饮用水水源保护区	滏阳新河	石家庄市	II	4.65
151	4912	滏阳新河石家庄市饮用水水源保护区	滏阳新河	石家庄市	II	4.91
152	4854	滹沱河石家庄饮用水水源区	滏阳新河	石家庄市	II	7.83
153	4808	滏阳新河石家庄市饮用水水源保护区	滏阳新河	石家庄市	II	8.05
154	4802	滏阳新河石家庄市饮用水水源保护区	滏阳新河	石家庄市	II	9.79
155	4840	滏阳新河石家庄市饮用水水源保护区	滏阳新河	石家庄市	II	13.10
156	4874	滹沱河石家庄饮用水水源区	滏阳新河	石家庄市	II	13.82
157	4865	滏阳新河石家庄市饮用水水源保护区	滏阳新河	石家庄市	II	15.15
158	4853	滹沱河石家庄饮用水水源区	滏阳新河	石家庄市	II	20.25
159	4867	滏阳新河石家庄市饮用水水源保护区	滏阳新河	石家庄市	II	20.83
160	4810	滏阳新河石家庄市饮用水水源保护区	滏阳新河	石家庄市	II	24.38
161	4921	滏阳新河石家庄市饮用水水源保护区	滏阳新河	石家庄市	II	33.52
162	4866	滏阳新河石家庄市饮用水水源保护区	滏阳新河	石家庄市	II	38.63
163	4741	滏阳新河石家庄市饮用水水源保护区	滏阳新河	石家庄市	II	39.87
164	4910	滹沱河石家庄饮用水水源区	滏阳新河	石家庄市	II	43.38
165	4812	滏阳新河石家庄市饮用水水源保护区	滏阳新河	石家庄市	II	45.39
166	4813	滏阳新河石家庄市饮用水水源保护区	滏阳新河	石家庄市	II	51.21
167	4811	滏阳新河石家庄市饮用水水源保护区	滏阳新河	石家庄市	II	53.18
168	4845	滹沱河石家庄饮用水水源区	滏阳新河	石家庄市	II	62.98
169	4884	滹沱河石家庄饮用水水源区	滏阳新河	石家庄市	II	66.12
170	4827	滏阳新河石家庄市饮用水水源保护区	滏阳新河	石家庄市	II	71.35
171	4776	滏阳新河石家庄市饮用水水源保护区	滏阳新河	石家庄市	II	100.27
172	4691	滏阳新河石家庄市饮用水水源保护区	滏阳新河	石家庄市	II	139.31
173	4645	滏阳新河石家庄市饮用水水源保护区	滏阳新河	石家庄市	II	187.22
174	2273	黑河北京市饮用水水源保护区	黑河	北京市	II	168.34
175	2596	妫水河北京饮用水水源区	后河	北京市	II	0.00

序号	子流域代码	水（环境）功能区	水体名称	市地	水质目标	面积/km²
176	2590	妫水河北京饮用水水源区	后河	北京市	II	9.14
177	2557	后河北京市饮用水水源保护区	后河	北京市	II	24.39
178	2533	后河北京市饮用水水源保护区	后河	北京市	II	43.20
179	2555	妫水河北京饮用水水源区	后河	北京市	II	49.90
180	2554	后河北京市饮用水水源保护区	后河	北京市	II	55.29
181	2658	妫水河北京饮用水水源区	后河	北京市	II	73.12
182	2585	后河北京市饮用水水源保护区	后河	北京市	II	74.95
183	2534	妫水河北京饮用水水源区	后河	北京市	II	116.68
184	2615	妫水河北京饮用水水源区	后河	北京市	II	135.47
185	2755	后河张家口市饮用水水源保护区	后河	张家口市	III	0.02
186	2752	后河张家口市饮用水水源保护区	后河	张家口市	III	2.31
187	2767	后河张家口市饮用水水源保护区	后河	张家口市	III	7.56
188	2770	后河张家口市饮用水水源保护区	后河	张家口市	III	14.98
189	2766	后河张家口市饮用水水源保护区	后河	张家口市	III	34.57
190	2756	后河张家口市饮用水水源保护区	后河	张家口市	III	35.93
191	2633	后河张家口市饮用水水源保护区	后河	张家口市	III	37.46
192	2872	后河张家口市饮用水水源保护区	后河	张家口市	III	55.27
193	2729	后河张家口市饮用水水源保护区	后河	张家口市	III	90.76
194	2717	后河张家口市饮用水水源保护区	后河	张家口市	III	102.32
195	2782	后河张家口市饮用水水源保护区	后河	张家口市	III	105.60
196	3243	还乡河河北饮用水水源区	还乡河	唐山市	II	0.00
197	3102	还乡河河北饮用水水源区	还乡河	唐山市	II	0.00
198	3109	还乡河河北饮用水水源区	还乡河	唐山市	II	0.00
199	3217	还乡河河北饮用水水源区	还乡河	唐山市	II	0.04
200	3426	还乡河河北饮用水水源区	还乡河	唐山市	II	0.18
201	3139	还乡河河北饮用水水源区	还乡河	唐山市	II	31.60
202	3204	还乡河唐山市饮用水水源保护区	还乡河	唐山市	II	35.38
203	3430	还乡河河北饮用水水源区	还乡河	唐山市	II	36.52
204	3265	还乡河河北饮用水水源区	还乡河	唐山市	II	54.51
205	3209	还乡河唐山市饮用水水源保护区	还乡河	唐山市	II	74.28
206	3181	还乡河河北饮用水水源区	还乡河	唐山市	II	88.51
207	3297	还乡河河北饮用水水源区	还乡河	唐山市	II	101.86
208	3450	还乡河河北饮用水水源区	还乡河	唐山市	II	106.35
209	3575	还乡河河北饮用水水源区	还乡河	唐山市	II	136.48
210	3274	还乡河河北饮用水水源区	还乡河	唐山市	II	164.36
211	3000	泃河北京市饮用水水源保护区	泃河	北京市	II	5.32

序号	子流域代码	水（环境）功能区	水体名称	市地	水质目标	面积/km²
212	3014	泃河北京市饮用水水源保护区	泃河	北京市	II	56.64
213	2976	泃河北京市饮用水水源保护区	泃河	北京市	II	79.93
214	2089	老牛河河北承德饮用水水源区	老牛河	承德市	II	0.05
215	2260	老牛河河北承德饮用水水源区	老牛河	承德市	II	1.15
216	2191	老牛河河北承德饮用水水源区	老牛河	承德市	II	6.58
217	1918	老牛河河北承德饮用水水源区	老牛河	承德市	II	7.67
218	1942	老牛河河北承德饮用水水源区	老牛河	承德市	II	11.98
219	2264	老牛河河北承德饮用水水源区	老牛河	承德市	II	17.57
220	1950	老牛河河北承德饮用水水源区	老牛河	承德市	II	17.58
221	1995	老牛河河北承德饮用水水源区	老牛河	承德市	II	18.00
222	2073	老牛河河北承德饮用水水源区	老牛河	承德市	II	26.30
223	2206	老牛河河北承德饮用水水源区	老牛河	承德市	II	39.67
224	1885	老牛河河北承德饮用水水源区	老牛河	承德市	II	49.59
225	1806	老牛河河北承德饮用水水源区	老牛河	承德市	II	92.26
226	2126	老牛河河北承德饮用水水源区	老牛河	承德市	II	92.86
227	2281	老牛河河北承德饮用水水源区	老牛河	承德市	II	116.49
228	2004	老牛河河北承德饮用水水源区	老牛河	承德市	II	139.27
229	2433	柳河承德市饮用水水源保护区	柳河	承德市	III	0.05
230	2482	柳河承德市饮用水水源保护区	柳河	承德市	III	6.83
231	2527	柳河河北兴隆饮用水水源区	柳河	承德市	III	10.71
232	2548	柳河河北兴隆饮用水水源区	柳河	承德市	III	35.84
233	2495	柳河承德市饮用水水源保护区	柳河	承德市	III	63.52
234	2632	柳河河北兴隆饮用水水源区	柳河	承德市	III	74.28
235	2544	柳河河北兴隆饮用水水源区	柳河	承德市	III	82.30
236	2614	柳河河北兴隆饮用水水源区	柳河	承德市	III	82.52
237	2494	柳河河北兴隆饮用水水源区	柳河	承德市	III	88.56
238	2737	柳河河北兴隆饮用水水源区	柳河	承德市	III	141.66
239	2373	柳河承德市饮用水水源保护区	柳河	承德市	III	227.39
240	2279	滦河河北承德饮用水水源区	滦河	承德市	III	0.04
241	1944	滦河承德市饮用水水源保护区	滦河	承德市	III	0.05
242	1011	滦河承德市饮用水水源保护区	滦河	承德市	III	0.10
243	2150	滦河河北承德饮用水水源区	滦河	承德市	III	0.67
244	2024	滦河河北承德饮用水水源区	滦河	承德市	III	1.32
245	1065	滦河承德市饮用水水源保护区	滦河	承德市	III	1.79
246	2321	滦河河北承德饮用水水源区	滦河	承德市	III	1.81
247	1081	滦河承德市饮用水水源保护区	滦河	承德市	III	1.85

序号	子流域代码	水（环境）功能区	水体名称	市地	水质目标	面积/km²
248	2235	滦河河北承德饮用水水源区	滦河	承德市	III	4.16
249	1073	滦河承德市饮用水水源保护区	滦河	承德市	III	6.86
250	1012	滦河承德市饮用水水源保护区	滦河	承德市	III	10.25
251	2160	滦河河北承德饮用水水源区	滦河	承德市	III	12.16
252	1973	滦河承德市饮用水水源保护区	滦河	承德市	III	12.71
253	1340	滦河承德市饮用水水源保护区	滦河	承德市	III	14.00
254	1471	滦河承德市饮用水水源保护区	滦河	承德市	III	17.12
255	1239	滦河承德市饮用水水源保护区	滦河	承德市	III	17.57
256	1090	滦河承德市饮用水水源保护区	滦河	承德市	III	20.80
257	2080	滦河河北承德饮用水水源区	滦河	承德市	III	23.14
258	2289	滦河河北承德饮用水水源区	滦河	承德市	III	27.03
259	1351	滦河承德市饮用水水源保护区	滦河	承德市	III	29.80
260	2019	滦河河北承德饮用水水源区	滦河	承德市	III	30.10
261	1418	滦河承德市饮用水水源保护区	滦河	承德市	III	32.95
262	1764	滦河承德市饮用水水源保护区	滦河	承德市	III	34.65
263	1338	滦河承德市饮用水水源保护区	滦河	承德市	III	38.20
264	1325	滦河承德市饮用水水源保护区	滦河	承德市	III	38.72
265	1025	滦河承德市饮用水水源保护区	滦河	承德市	III	40.08
266	2032	滦河河北承德饮用水水源区	滦河	承德市	III	42.39
267	2029	滦河河北承德饮用水水源区	滦河	承德市	III	42.81
268	2217	滦河河北承德饮用水水源区	滦河	承德市	III	43.38
269	1343	滦河承德市饮用水水源保护区	滦河	承德市	III	45.88
270	1348	滦河承德市饮用水水源保护区	滦河	承德市	III	49.70
271	2307	滦河河北承德饮用水水源区	滦河	承德市	III	53.74
272	1391	滦河承德市饮用水水源保护区	滦河	承德市	III	54.67
273	1383	滦河承德市饮用水水源保护区	滦河	承德市	III	56.57
274	1910	滦河承德市饮用水水源保护区	滦河	承德市	III	58.26
275	2007	滦河河北承德饮用水水源区	滦河	承德市	III	58.66
276	1647	滦河承德市饮用水水源保护区	滦河	承德市	III	61.86
277	1541	滦河承德市饮用水水源保护区	滦河	承德市	III	62.67
278	2365	滦河河北承德饮用水水源区	滦河	承德市	III	66.38
279	2062	滦河河北承德饮用水水源区	滦河	承德市	III	66.54
280	1126	滦河承德市饮用水水源保护区	滦河	承德市	III	68.87
281	2177	滦河河北承德饮用水水源区	滦河	承德市	III	75.16
282	2205	滦河河北承德饮用水水源区	滦河	承德市	III	79.49
283	987	滦河承德市饮用水水源保护区	滦河	承德市	III	79.88

序号	子流域代码	水（环境）功能区	水体名称	市地	水质目标	面积/km²
284	1442	滦河承德市饮用水水源保护区	滦河	承德市	III	80.83
285	1301	滦河承德市饮用水水源保护区	滦河	承德市	III	83.35
286	1969	滦河河北承德饮用水水源区	滦河	承德市	III	111.13
287	2163	滦河河北承德饮用水水源区	滦河	承德市	III	129.25
288	1236	滦河承德市饮用水水源保护区	滦河	承德市	III	130.20
289	1483	滦河承德市饮用水水源保护区	滦河	承德市	III	138.40
290	1415	滦河承德市饮用水水源保护区	滦河	承德市	III	140.76
291	2002	滦河河北承德饮用水水源区	滦河	承德市	III	147.02
292	1441	滦河承德市饮用水水源保护区	滦河	承德市	III	156.48
293	1648	滦河承德市饮用水水源保护区	滦河	承德市	III	200.29
294	1789	滦河承德市饮用水水源保护区	滦河	承德市	III	237.14
295	2791	滦河唐山市饮用水水源保护区	滦河	唐山市	II	0.02
296	2855	滦河唐山市饮用水水源保护区	滦河	唐山市	II	0.04
297	2809	滦河唐山市饮用水水源保护区	滦河	唐山市	II	0.12
298	2779	滦河唐山市饮用水水源保护区	滦河	唐山市	II	2.91
299	2704	滦河唐山市饮用水水源保护区	滦河	唐山市	II	27.53
300	2972	滦河唐山市饮用水水源保护区	滦河	唐山市	II	35.59
301	2801	滦河唐山市饮用水水源保护区	滦河	唐山市	II	46.41
302	2978	滦河唐山市饮用水水源保护区	滦河	唐山市	II	78.22
303	4439	马厂减河农业、饮用水水源区	马厂减河	沧州市	III	0.03
304	4468	马厂减河农业、饮用水水源区	马厂减河	沧州市	III	144.24
305	4244	马厂减河农业、饮用水水源区	马厂减河	天津市市辖区	III	0.02
306	4424	马厂减河农业、饮用水水源区	马厂减河	天津市市辖区	III	0.04
307	4391	马厂减河农业、饮用水水源区	马厂减河	天津市市辖区	III	0.04
308	4418	马厂减河农业、饮用水水源区	马厂减河	天津市县	III	47.91
309	4314	马厂减河农业、饮用水水源区	马厂减河	天津市县	III	329.41
310	2492	南洋河河北饮用水水源区	南洋河	张家口市	II	82.69
311	2419	南洋河河北饮用水水源区	南洋河	张家口市	II	90.17
312	4211	漕河保定饮用水水源区	蒲阳河	保定市	II	247.01
313	2462	瀑河河北宽城饮用水水源区	瀑河	承德市	III	0.02
314	1856	瀑河承德市饮用水水源保护区	瀑河	承德市	III	0.04
315	2167	瀑河河北宽城饮用水水源区	瀑河	承德市	III	1.71
316	2459	瀑河河北宽城饮用水水源区	瀑河	承德市	III	4.10
317	2299	瀑河河北宽城饮用水水源区	瀑河	承德市	III	5.47
318	2171	瀑河河北宽城饮用水水源区	瀑河	承德市	III	18.75
319	1958	瀑河承德市饮用水水源保护区	瀑河	承德市	III	26.99

序号	子流域代码	水（环境）功能区	水体名称	市地	水质目标	面积/km²
320	2517	瀑河承德市饮用水水源保护区	瀑河	承德市	III	37.93
321	2503	瀑河河北宽城饮用水水源区	瀑河	承德市	III	47.06
322	1974	瀑河承德市饮用水水源保护区	瀑河	承德市	III	49.54
323	2039	瀑河河北宽城饮用水水源区	瀑河	承德市	III	60.01
324	2454	瀑河承德市饮用水水源保护区	瀑河	承德市	III	75.28
325	2091	瀑河河北宽城饮用水水源区	瀑河	承德市	III	88.28
326	2311	瀑河河北宽城饮用水水源区	瀑河	承德市	III	90.12
327	1884	瀑河承德市饮用水水源保护区	瀑河	承德市	III	94.81
328	2508	瀑河承德市饮用水水源保护区	瀑河	承德市	III	105.98
329	2203	瀑河河北宽城饮用水水源区	瀑河	承德市	III	109.94
330	2305	瀑河河北宽城饮用水水源区	瀑河	承德市	III	165.59
331	2479	青龙河河北桃林口饮用水水源区	青龙河	承德市	II	0.01
332	2450	青龙河河北桃林口饮用水水源区	青龙河	承德市	II	0.75
333	2463	青龙河河北桃林口饮用水水源区	青龙河	承德市	II	6.80
334	2662	青龙河河北桃林口饮用水水源区	青龙河	秦皇岛市	II	0.04
335	2798	青龙河河北桃林口饮用水水源区	青龙河	秦皇岛市	II	7.87
336	2967	青龙河秦皇岛市饮用水水源保护区	青龙河	秦皇岛市	III	14.03
337	3182	青龙河河北桃林口饮用水水源区	青龙河	秦皇岛市	II	20.56
338	2831	青龙河秦皇岛市饮用水水源保护区	青龙河	秦皇岛市	III	20.91
339	3002	青龙河秦皇岛市饮用水水源保护区	青龙河	秦皇岛市	III	21.82
340	2845	青龙河秦皇岛市饮用水水源保护区	青龙河	秦皇岛市	III	22.58
341	2487	青龙河河北桃林口饮用水水源区	青龙河	秦皇岛市	II	36.44
342	3060	青龙河河北桃林口饮用水水源区	青龙河	秦皇岛市	II	39.54
343	2619	青龙河河北桃林口饮用水水源区	青龙河	秦皇岛市	II	44.22
344	2511	青龙河河北桃林口饮用水水源区	青龙河	秦皇岛市	II	47.91
345	2547	青龙河河北桃林口饮用水水源区	青龙河	秦皇岛市	II	62.74
346	2797	青龙河秦皇岛市饮用水水源保护区	青龙河	秦皇岛市	III	63.99
347	2546	青龙河河北桃林口饮用水水源区	青龙河	秦皇岛市	II	69.13
348	2885	青龙河秦皇岛市饮用水水源保护区	青龙河	秦皇岛市	III	108.24
349	2706	青龙河河北桃林口饮用水水源区	青龙河	秦皇岛市	II	137.98
350	2659	青龙河河北桃林口饮用水水源区	青龙河	秦皇岛市	II	142.90
351	2714	青龙河秦皇岛市饮用水水源保护区	青龙河	秦皇岛市	III	146.27
352	3075	青龙河河北桃林口饮用水水源区	青龙河	秦皇岛市	II	150.19
353	3123	青龙河河北桃林口饮用水水源区	青龙河	唐山市	II	0.04
354	3332	青龙河河北桃林口饮用水水源区	青龙河	唐山市	II	14.06
355	3100	青龙河河北桃林口饮用水水源区	青龙河	唐山市	II	49.35

序号	子流域代码	水（环境）功能区	水体名称	市地	水质目标	面积/km²
356	2162	清水河河北饮用水水源区	清水河	张家口市	III	0.01
357	1903	东沟张家口饮用水水源区	清水河	张家口市	III	16.96
358	2411	清水河河北饮用水水源区	清水河	张家口市	III	21.75
359	2041	东沟张家口饮用水水源区	清水河	张家口市	III	28.71
360	1931	东沟张家口饮用水水源区	清水河	张家口市	III	34.43
361	1865	东沟张家口饮用水水源区	清水河	张家口市	III	40.83
362	2079	东沟张家口饮用水水源区	清水河	张家口市	III	44.15
363	1823	东沟张家口饮用水水源区	清水河	张家口市	III	49.42
364	1904	东沟张家口饮用水水源区	清水河	张家口市	III	52.31
365	2213	清水河河北饮用水水源区	清水河	张家口市	III	54.32
366	1929	东沟张家口饮用水水源区	清水河	张家口市	III	56.98
367	2216	清水河河北饮用水水源区	清水河	张家口市	III	73.94
368	2078	东沟张家口饮用水水源区	清水河	张家口市	III	93.20
369	2209	东沟张家口饮用水水源区	清水河	张家口市	III	191.90
370	6791	清漳河河北饮用水水源区	清漳河	邯郸市	III	0.00
371	6861	清漳河河北饮用水水源区	清漳河	邯郸市	III	6.16
372	6856	清漳河河北饮用水水源区	清漳河	邯郸市	III	6.39
373	6696	清漳河河北饮用水水源区	清漳河	邯郸市	III	26.68
374	6739	清漳河河北饮用水水源区	清漳河	邯郸市	III	51.79
375	6767	清漳河河北饮用水水源区	清漳河	邯郸市	III	54.00
376	6869	清漳河河北饮用水水源区	清漳河	邯郸市	III	79.24
377	6908	清漳河河北饮用水水源区	清漳河	邯郸市	III	118.59
378	6769	清漳河河北饮用水水源区	清漳河	邯郸市	III	151.58
379	3162	沙河天津市县饮用水水源保护区	沙河	天津市县	III	31.84
380	3173	沙河天津市县饮用水水源保护区	沙河	天津市县	III	53.43
381	6429	沙河河北饮用水水源区	沙河	邢台市	III	0.00
382	6206	沙河河北饮用水水源区	沙河	邢台市	III	0.04
383	6389	沙河河北饮用水水源区	沙河	邢台市	III	20.41
384	6274	沙河河北饮用水水源区	沙河	邢台市	III	39.50
385	6277	沙河河北饮用水水源区	沙河	邢台市	III	49.28
386	6341	沙河河北饮用水水源区	沙河	邢台市	III	62.11
387	6330	沙河河北饮用水水源区	沙河	邢台市	III	84.91
388	6404	沙河河北饮用水水源区	沙河	邢台市	III	102.31
389	6302	沙河河北饮用水水源区	沙河	邢台市	III	123.52
390	2044	汤河北京市饮用水水源保护区	汤河	北京市	II	0.00
391	2154	汤河北京市饮用水水源保护区	汤河	北京市	II	0.02

序号	子流域代码	水（环境）功能区	水体名称	市地	水质目标	面积/km²
392	2257	汤河北京市饮用水水源保护区	汤河	北京市	II	22.71
393	2261	汤河北京市饮用水水源保护区	汤河	北京市	II	41.34
394	2101	汤河北京市饮用水水源保护区	汤河	北京市	II	63.29
395	2287	汤河北京市饮用水水源保护区	汤河	北京市	II	67.16
396	2208	汤河北京市饮用水水源保护区	汤河	北京市	II	154.66
397	1977	汤河承德市饮用水水源保护区	汤河	承德市	II	23.47
398	4509	唐河保定地区饮用水水源保护区	唐河	保定地区	II	0.00
399	4457	唐河保定地区饮用水水源保护区	唐河	保定地区	III	0.01
400	4465	唐河保定地区饮用水水源保护区	唐河	保定地区	III	0.01
401	4474	唐河保定地区饮用水水源保护区	唐河	保定地区	III	18.68
402	4477	唐河保定地区饮用水水源保护区	唐河	保定地区	II	34.41
403	4444	唐河保定地区饮用水水源保护区	唐河	保定地区	III	35.02
404	4426	唐河保定地区饮用水水源保护区	唐河	保定地区	II	38.07
405	4440	唐河保定地区饮用水水源保护区	唐河	保定地区	III	45.43
406	4371	唐河保定地区饮用水水源保护区	唐河	保定地区	III	55.26
407	4385	唐河保定地区饮用水水源保护区	唐河	保定地区	III	164.02
408	4313	唐河保定市饮用水水源保护区	唐河	保定市	III	221.96
409	376	吐力根河承德市饮用水水源保护区	吐力根河	承德市	III	31.83
410	1853	武烈河河北承德饮用水水源区	武烈河	承德市	III	0.00
411	1961	武烈河河北承德饮用水水源区	武烈河	承德市	III	0.46
412	1833	武烈河河北承德饮用水水源区	武烈河	承德市	III	5.53
413	1826	武烈河河北承德饮用水水源区	武烈河	承德市	III	23.91
414	1822	武烈河河北承德饮用水水源区	武烈河	承德市	III	30.51
415	1847	武烈河河北承德饮用水水源区	武烈河	承德市	III	36.04
416	1960	武烈河河北承德饮用水水源区	武烈河	承德市	III	36.14
417	1837	武烈河河北承德饮用水水源区	武烈河	承德市	III	36.88
418	1470	武烈河承德市饮用水水源保护区	武烈河	承德市	III	38.26
419	1857	武烈河河北承德饮用水水源区	武烈河	承德市	III	98.62
420	1494	武烈河承德市饮用水水源保护区	武烈河	承德市	III	342.08
421	4403	南运河天津饮用水区	小运河	廊坊市	III	0.00
422	4395	南运河天津饮用水区	小运河	廊坊市	III	40.18
423	4266	南运河天津饮用水区	小运河	天津市市辖区	III	0.00
424	4467	南运河天津饮用用水区	小运河	天津市县	III	36.66
425	4372	南运河天津饮用用水区	小运河	天津市县	III	39.77
426	4502	南运河天津饮用用水区	小运河	天津市县	III	44.07
427	4503	南运河天津饮用用水区	小运河	天津市县	III	45.60

序号	子流域代码	水（环境）功能区	水体名称	市地	水质目标	面积/km²
428	4294	南运河天津饮用用水区	小运河	天津市县	III	67.96
429	4432	南运河天津饮用用水区	小运河	天津市县	III	99.17
430	3340	泉水河河北饮用水水源区	新陡河	唐山市	II	58.78
431	3294	泉水河河北饮用水水源区	新陡河	唐山市	II	101.73
432	3910	洋河北京市饮用水水源保护区	洋河	北京市	III	0.00
433	3151	永定河北京饮用水水源区	洋河	北京市	II	0.01
434	3205	永定河北京饮用水水源区	洋河	北京市	II	0.01
435	3219	永定河北京饮用水水源区	洋河	北京市	II	0.01
436	3117	永定河北京饮用水水源区	洋河	北京市	II	3.41
437	3134	永定河北京饮用水水源区	洋河	北京市	II	4.91
438	2677	洋河北京市饮用水水源保护区	洋河	北京市	II	35.66
439	3288	永定河北京饮用水水源区	洋河	北京市	II	36.34
440	3476	永定河北京饮用水水源区	洋河	北京市	II	39.35
441	3147	永定河北京饮用水水源区	洋河	北京市	II	47.32
442	3595	永定河北京饮用水水源区	洋河	北京市	II	48.08
443	3399	永定河北京饮用水水源区	洋河	北京市	II	48.38
444	3120	永定河北京饮用水水源区	洋河	北京市	II	49.61
445	3786	永定河北京饮用水水源区	洋河	北京市	II	50.79
446	3191	永定河北京饮用水水源区	洋河	北京市	II	54.45
447	3101	永定河北京饮用水水源区	洋河	北京市	II	62.06
448	3064	永定河北京饮用水水源区	洋河	北京市	II	69.41
449	3227	永定河北京饮用水水源区	洋河	北京市	II	92.64
450	3234	永定河北京饮用水水源区	洋河	北京市	II	107.57
451	3529	永定河北京饮用水水源区	洋河	北京市	II	128.88
452	3441	永定河北京饮用水水源区	洋河	北京市	II	156.07
453	3152	永定河北京饮用水水源区	洋河	北京市	II	190.30
454	3322	永定河北京饮用水水源区	洋河	北京市	II	230.56
455	2676	洋河北京市饮用水水源保护区	洋河	北京市	II	274.18
456	4149	永定河北京饮用水水源区	洋河	廊坊市	II	0.01
457	4143	洋河廊坊市饮用水水源保护区	洋河	廊坊市	III	27.42
458	4125	洋河廊坊市饮用水水源保护区	洋河	廊坊市	III	35.36
459	4094	永定河北京饮用水水源区	洋河	廊坊市	II	36.08
460	4000	洋河廊坊市饮用水水源保护区	洋河	廊坊市	III	36.20
461	4135	洋河廊坊市饮用水水源保护区	洋河	廊坊市	III	37.45
462	4130	永定河北京饮用水水源区	洋河	廊坊市	II	52.74
463	3295	洋河河北饮用水水源区	洋河	秦皇岛市	III	0.00

序号	子流域代码	水（环境）功能区	水体名称	市地	水质目标	面积/km²
464	3215	洋河秦皇岛市饮用水水源保护区	洋河	秦皇岛市	II	0.03
465	3285	洋河河北饮用水水源区	洋河	秦皇岛市	III	0.04
466	3197	洋河秦皇岛市饮用水水源保护区	洋河	秦皇岛市	II	6.34
467	3277	洋河河北饮用水水源区	洋河	秦皇岛市	III	16.90
468	3345	洋河河北饮用水水源区	洋河	秦皇岛市	III	55.23
469	3338	洋河河北饮用水水源区	洋河	秦皇岛市	III	92.81
470	3196	洋河河北饮用水水源区	洋河	秦皇岛市	III	121.74
471	2962	洋河张家口市饮用水水源保护区	洋河	张家口市	III	1.23
472	2964	洋河张家口市饮用水水源保护区	洋河	张家口市	III	3.81
473	2961	洋河张家口市饮用水水源保护区	洋河	张家口市	III	34.05
474	2938	洋河张家口市饮用水水源保护区	洋河	张家口市	III	50.33
475	3068	洋河张家口市饮用水水源保护区	洋河	张家口市	III	50.96
476	3212	洋河张家口市饮用水水源保护区	洋河	张家口市	III	53.43
477	3188	洋河张家口市饮用水水源保护区	洋河	张家口市	III	57.19
478	3203	洋河张家口市饮用水水源保护区	洋河	张家口市	III	70.04
479	3156	洋河张家口市饮用水水源保护区	洋河	张家口市	III	72.86
480	2969	洋河张家口市饮用水水源保护区	洋河	张家口市	III	81.24
481	3088	洋河张家口市饮用水水源保护区	洋河	张家口市	III	104.05
482	2992	永定河北京饮用水水源区	洋河	张家口市	II	203.07
483	3018	洋河张家口市饮用水水源保护区	洋河	张家口市	III	248.94
484	3074	洋河张家口市饮用水水源保护区	洋河	张家口市	III	266.21
485	5107	冶河石家庄市饮用水水源保护区	冶河	石家庄市	III	0.05
486	5072	冶河石家庄市饮用水水源保护区	冶河	石家庄市	III	0.07
487	5150	冶河石家庄市饮用水水源保护区	冶河	石家庄市	III	6.49
488	5154	冶河石家庄市饮用水水源保护区	冶河	石家庄市	III	6.74
489	5172	冶河石家庄市饮用水水源保护区	冶河	石家庄市	III	20.15
490	5123	冶河石家庄市饮用水水源保护区	冶河	石家庄市	III	21.23
491	5108	冶河石家庄市饮用水水源保护区	冶河	石家庄市	III	34.03
492	5168	冶河石家庄市饮用水水源保护区	冶河	石家庄市	III	37.10
493	5163	冶河石家庄市饮用水水源保护区	冶河	石家庄市	III	40.08
494	5160	冶河石家庄市饮用水水源保护区	冶河	石家庄市	III	42.17
495	5017	冶河石家庄市饮用水水源保护区	冶河	石家庄市	III	45.39
496	4928	冶河石家庄市饮用水水源保护区	冶河	石家庄市	III	67.16
497	4939	冶河石家庄市饮用水水源保护区	冶河	石家庄市	III	74.68
498	5173	冶河石家庄市饮用水水源保护区	冶河	石家庄市	III	74.93
499	723	伊逊河承德市饮用水水源保护区	伊逊河	承德市	III	0.00

序号	子流域代码	水（环境）功能区	水体名称	市地	水质目标	面积/km²
500	957	伊逊河承德市饮用水水源保护区	伊逊河	承德市	III	0.01
501	1317	伊逊河河北承德饮用水水源区	伊逊河	承德市	III	0.01
502	1155	伊逊河承德市饮用水水源保护区	伊逊河	承德市	III	0.02
503	853	伊逊河承德市饮用水水源保护区	伊逊河	承德市	III	0.04
504	1400	伊逊河河北承德饮用水水源区	伊逊河	承德市	III	0.04
505	1631	伊逊河河北承德饮用水水源区	伊逊河	承德市	III	0.04
506	1620	伊逊河河北承德饮用水水源区	伊逊河	承德市	III	0.04
507	1232	伊逊河承德市饮用水水源保护区	伊逊河	承德市	III	0.05
508	1557	伊逊河河北承德饮用水水源区	伊逊河	承德市	III	0.05
509	903	伊逊河承德市饮用水水源保护区	伊逊河	承德市	III	1.70
510	1464	伊逊河河北承德饮用水水源区	伊逊河	承德市	III	4.40
511	953	伊逊河承德市饮用水水源保护区	伊逊河	承德市	III	10.09
512	734	伊逊河承德市饮用水水源保护区	伊逊河	承德市	III	14.61
513	1201	伊逊河承德市饮用水水源保护区	伊逊河	承德市	III	15.46
514	637	伊逊河承德市饮用水水源保护区	伊逊河	承德市	III	15.58
515	1132	伊逊河承德市饮用水水源保护区	伊逊河	承德市	III	19.00
516	682	伊逊河承德市饮用水水源保护区	伊逊河	承德市	III	21.03
517	945	伊逊河承德市饮用水水源保护区	伊逊河	承德市	III	21.55
518	1300	伊逊河河北承德饮用水水源区	伊逊河	承德市	III	22.17
519	1584	伊逊河河北承德饮用水水源区	伊逊河	承德市	III	29.17
520	609	伊逊河承德市饮用水水源保护区	伊逊河	承德市	III	41.81
521	786	伊逊河承德市饮用水水源保护区	伊逊河	承德市	III	43.71
522	1462	伊逊河河北承德饮用水水源区	伊逊河	承德市	III	44.72
523	930	伊逊河承德市饮用水水源保护区	伊逊河	承德市	III	46.75
524	867	伊逊河承德市饮用水水源保护区	伊逊河	承德市	III	50.33
525	1659	伊逊河河北承德饮用水水源区	伊逊河	承德市	III	55.02
526	979	伊逊河承德市饮用水水源保护区	伊逊河	承德市	III	55.72
527	952	伊逊河承德市饮用水水源保护区	伊逊河	承德市	III	56.16
528	1375	伊逊河河北承德饮用水水源区	伊逊河	承德市	III	61.57
529	812	伊逊河承德市饮用水水源保护区	伊逊河	承德市	III	66.08
530	1476	伊逊河河北承德饮用水水源区	伊逊河	承德市	III	72.55
531	1765	伊逊河河北承德饮用水水源区	伊逊河	承德市	III	80.12
532	1077	伊逊河承德市饮用水水源保护区	伊逊河	承德市	III	87.25
533	1967	伊逊河河北承德饮用水水源区	伊逊河	承德市	III	102.83
534	1855	伊逊河河北承德饮用水水源区	伊逊河	承德市	III	135.53
535	1678	伊逊河河北承德饮用水水源区	伊逊河	承德市	III	151.05

序号	子流域代码	水（环境）功能区	水体名称	市地	水质目标	面积/km²
536	7083	漳河邯郸市饮用水水源保护区	漳河	邯郸市	II	6.94
537	7080	漳河邯郸市饮用水水源保护区	漳河	邯郸市	II	53.24
538	7000	漳河邯郸市饮用水水源保护区	漳河	邯郸市	II	58.97
539	7084	漳河邯郸市饮用水水源保护区	漳河	邯郸市	II	60.17
540	7141	漳河邯郸市饮用水水源保护区	漳河	邯郸市	II	143.01
541	7045	漳河邯郸市饮用水水源保护区	漳河	邯郸市	II	163.42
542	4157	中易水河河北保定饮用水水源区	中易水河	保定地区	III	0.04
543	4057	中易水河河北保定饮用水水源区	中易水河	保定地区	III	41.31
544	4079	中易水河河北保定饮用水水源区	中易水河	保定地区	III	65.24
545	3992	中易水河河北保定饮用水水源区	中易水河	保定地区	III	102.72
546	4202	中易水河河北保定饮用水水源区	中易水河	保定地区	III	106.51
547	4043	中易水河河北保定饮用水水源区	中易水河	保定地区	III	112.53
548	3133	州河天津市县饮用水水源保护区	州河	天津市县	III	0.01
549	3369	州河天津饮用水水源区	州河	天津市县	III	0.05
550	3157	州河天津饮用水水源区	州河	天津市县	III	40.05
551	3509	州河天津饮用水水源区	州河	天津市县	III	42.10
552	3136	州河天津市县饮用水水源保护区	州河	天津市县	III	56.49
553	3172	州河天津市县饮用水水源保护区	州河	天津市县	III	80.69
554	3169	州河天津饮用水水源区	州河	天津市县	III	121.05
555	4498	潴龙河保定地区饮用水水源保护区	潴龙河	保定地区	II	0.01
556	4445	潴龙河保定地区饮用水水源保护区	潴龙河	保定地区	II	95.70
557	4497	潴龙河保定地区饮用水水源保护区	潴龙河	保定地区	II	100.52
558	4519	潴龙河保定地区饮用水水源保护区	潴龙河	保定地区	II	133.93